「究」叢書・知を究める 26

百姓と自然の江戸時代

ヒトの歴史に補助線を引く

武井弘一［著］

ミネルヴァ書房

百姓と自然の江戸時代——ヒトの歴史に補助線を引く

目次

プロローグ　なぜ自然の歴史の補助線を引くのか……1

I　田んぼとそれを取り巻く自然……11

1　気候……13
2　土……22
3　水……30
4　草……39
5　イネ……48
6　ムギ……56
7　商品作物……65

コラム1　ヒトと自然の琉球史――田んぼ……74

II　百姓のまわりの生き物……77

1　ウマ……79
2　ウシ……88
3　イヌ……97

4 淡水魚……106
5 鳥……115
6 タカ……124
コラム2 ヒトと自然の琉球史――田んぼを取り巻く自然……132

Ⅲ 刃を向ける自然……135
1 イワシ……137
2 ニシン……145
3 獣……153
4 虫……161
5 クジラ……169
6 土砂……177
7 川……186
8 天災……195
コラム3 ヒトと自然の琉球史――田んぼの生態系……204

エピローグ　どのように人類史をとらえればよいのか……207
1　田んぼをめぐる人類史……209
2　人類史の検証方法……216

参考文献　225
あとがき　233
索引

＊　本書は、『ミネルヴァ通信「究」』一三三～一五六（二〇二二年四月～二〇二四年三月）に掲載された連載「ヒトと自然の江戸時代――暮らし・生き物・環境」（全二四回）がもとになっている。書籍化するにあたり、文章の加除修正をして、琉球史に関するコラムなどを付け加えた。

図版一覧

明治初期までの耕地面積・人口の推移（推計）（大石慎三郎『江戸時代』・鬼頭宏『［図説］人口で見る日本史』により筆者作成）……8
「晴雨寒熱十年日記」（部分）（金沢市立玉川図書館近世史料館所蔵）……19
加賀藩の新田高の推移（木越隆三『織豊期検地と石高の研究』により筆者作成）……25
「耕稼春秋」よりため池から田んぼに水を引き入れる百姓（西尾市岩瀬文庫所蔵）……32
「耕稼春秋」より草を刈り家畜の背に乗せて村里に運ぶ百姓たち（西尾市岩瀬文庫所蔵）……41
元文三年（一七三八）のイネ品種内訳（金沢市立玉川図書館近世史料館所蔵加越能文庫No. 16. 70-8「郡方産物帳」二により筆者作成）……52
元文三年（一七三八）のムギ品種一覧（金沢市立玉川図書館近世史料館所蔵加越能文庫No. 16. 70-8「郡方産物帳」二により筆者作成）……60
「耕稼春秋」よりキセルを吸って美田を眺める百姓（西尾市岩瀬文庫所蔵）……70
「耕稼春秋」（部分）より花見の宴で喫煙する老婆（西尾市岩瀬文庫所蔵）……71
改決羽地川碑記（複製）（筆者撮影）……75
仲間あさと原の印部土手（筆者撮影）……76
百姓の経営モデル（『日本農書全集　第四巻』により筆者作成）……83
滞納していた年貢米の皆済方法（富山大学附属図書館所蔵川合文書No. 蘭062500「覚書（押紙）「能州」」により筆者作成）……85

加賀藩領の家畜の増減率（金沢市立玉川図書館近世史料館編『温故集録　二』・金沢市史編さん委員会編
『金沢市史　資料編九』により筆者作成）…… 91
「耕稼春秋」よりナスの種まきの場面（西尾市岩瀬文庫所蔵）…… 102
淡水魚などの捕獲期間と口銭（金沢市立玉川図書館近世史料館所蔵加越能文庫 No. 16. 70-8
「郡方産物帳」二・同上 No. 16. 77-24「魚問屋定書幷仕法方暨料理商売人定書等」により筆者作成）…… 107
「耕稼春秋」より川の土を田んぼに上げる百姓（西尾市岩瀬文庫所蔵）…… 110
イネの収穫期間（金沢市立玉川図書館近世史料館所蔵加越能文庫 No. 16. 70-8「郡方産物帳」二
により筆者作成）…… 112
「耕稼春秋」より雨天のなか鍬で田んぼに水と土を取り入れる百姓（西尾市岩瀬文庫所蔵）…… 118
「民家検労図」（部分）（石川県立図書館所蔵）…… 130
浦添御殿の墓（筆者撮影）…… 133
宮里家ウヮーフール（筆者撮影）…… 133
イワシの最安値（一〇尾あたりの推計）（『鶴村日記　上・中・下編』により
筆者作成）…… 139
「松前屛風」（部分）（函館市中央図書館所蔵）…… 147
「耕稼春秋」（部分）より苗代に種籾をまいている百姓（西尾市岩瀬文庫所蔵）…… 155
虫塚（石川県小松市岩渕地区、筆者撮影）…… 167
「能登国採魚図絵」（部分）（石川県立歴史博物館所蔵）…… 171
「耕稼春秋」より稲刈りの場面（西尾市岩瀬文庫所蔵）…… 179

「耕稼春秋」より犀川を渡る武士たち（西尾市岩瀬文庫所蔵）……190
寛政元年（一七八九）頃の越中国砺波郡の米品種（『日本農書全集　第六巻』により筆者作成）……201
浦添村役場（浦添市立図書館所蔵）……205
沢岻イリヌカー（西のカー）（筆者撮影）……205
田んぼの治水をめぐる人類史の概念図（筆者作成）……211
田んぼの虫害をめぐる人類史の概念図（筆者作成）……213
田んぼの肥料をめぐる人類史の概念図（筆者作成）……214
エネルギーをめぐる人類史の概念図（筆者作成）……219

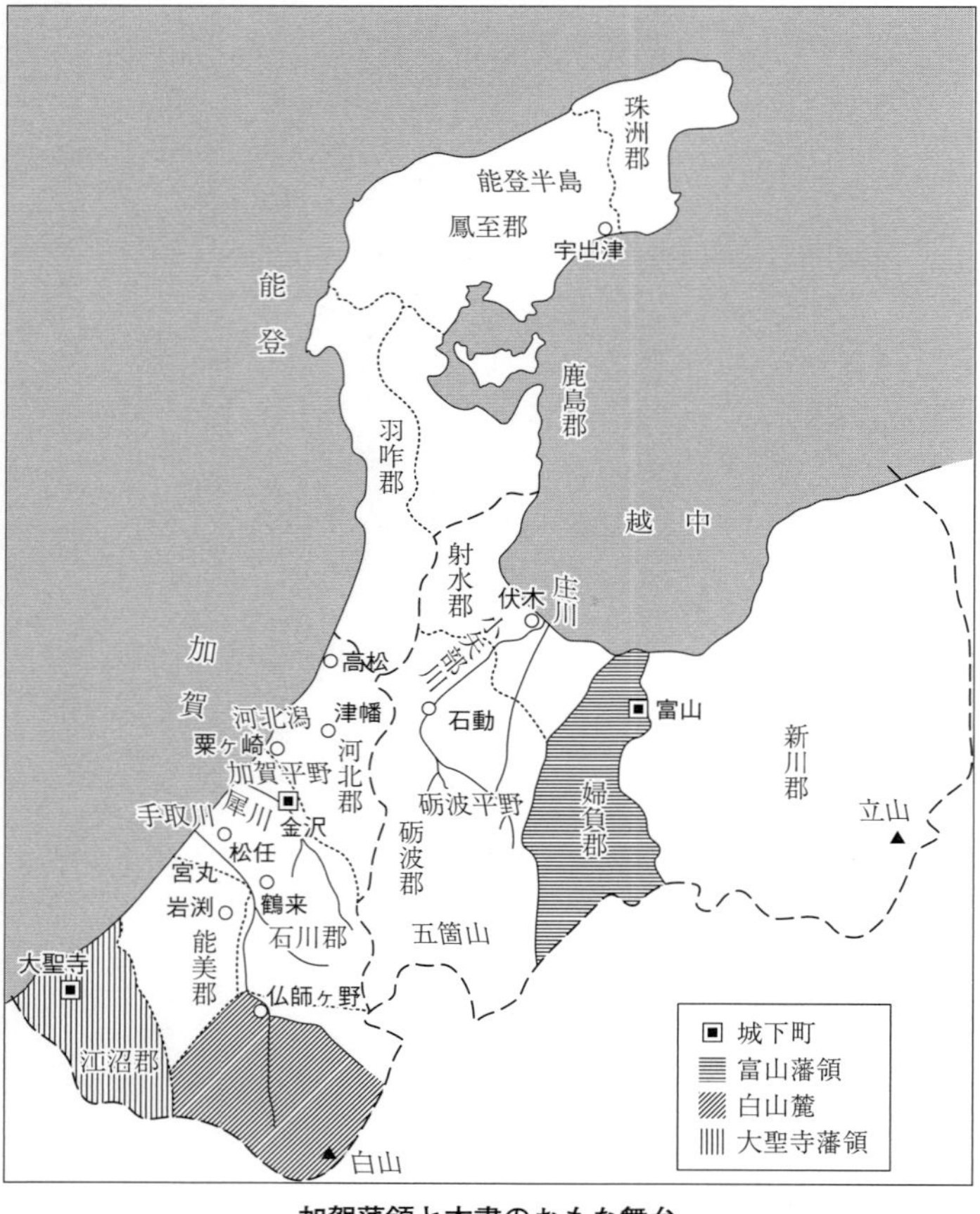

加賀藩領と本書のおもな舞台

プロローグ　なぜ自然の歴史の補助線を引くのか

しからば心あらん農民は、必ずのちのうれい（憂）を思いて、あらかじめ防ぐべし

（『日本農書全集　第四巻』）

■人間社会が抱える難問

今から約三世紀前の江戸時代（一六〇三～一八六七）中期のことである。北陸地方の加賀《かが》藩で百姓をしていた土屋又三郎《つちやまたさぶろう》は、みずからの農業技術や知見を広めるために、農書《のうしょ》『耕稼春秋《こうかしゅんじゅう》』を著した。冒頭は同書の一文であり、農書とは農業技術などを中心に書かれた書物をさす。

『耕稼春秋』のなかで、又三郎は次のように説く。今日という日は二度と来ないと思い、寸暇を惜しんで働くべきだ。そうしなければ知らないうちに田畠は荒れ、災いもいよいよ増す。その結果、飢え凍える心配にさいなまれ、貧困に苦しむことにもなる。よって、農業にも戦《いくさ》と同じような心構えがあり、進まなければ勝利は少ないという、と。前進することによって、より良い暮らしを勝ちとれるというわけだ。

では、彼は、そのような暮らしを現世で実現するためなら、後世にツケをまわしてよいと考え

ていたのか。答えは否である。冒頭の「心ある農民であれば、後世の憂いをおもんぱかって、あらかじめ防いでおかなければならない」という発言が、なによりの証拠といえる。

彼が生きていた江戸時代に、人間社会がどのような悩みを抱えていたのかについては、これから本書でしだいに明らかになっていく。ともあれ、将来に降りかかってきそうな難問を未然に取り除くことは、昔も今も変わらず肝心要であることはいうまでもない。

はたして現在、「未曾有」とまで形容されるような難問であれば、今から約一〇年以上も前の二〇一一年三月一一日に発生した東日本大震災（以下、「三・一一」と略す）があげられよう。むろん、二〇二〇年から世界中に猛威をふるった新型コロナウイルス感染症（以下、「新型コロナ」と略す）を克服することも喫緊の課題といえる。いまだに新型コロナは終息していないからだ。

このような目をおおうばかりの状況に直面したとき、歴史学であれば、過去に突きつけられた難題に対して、人間社会の「つながり」や「絆」を見つけだし、それを乗り越えていくような営みに目をむけることが求められるのではなかろうか。現に、これまでの歴史学は、人類の「進化」や「発展」に焦点をあわせた歴史が描かれてきた。もちろん、その重要性はわかりきったことである。だが、それだけでは重要な点を見落としてしまう。

■自然の歴史の補助線を引くということ

三・一一と新型コロナは、それぞれ地震・津波と新型コロナウイルスという、自然それぞれが主体となって起こったものである。つまり、人間社会が抱える難問を考えるにあたっては、ヒト（人）だけではなく、それを取り巻く自然の視点からも、しっかりと歴史を見ておくべきではなかろうか。

そうすることの有効性を確かめるべく、たとえば歴史の流れを一本の線になぞらえてみたとしよう。まずは、ヒトについて、一本の長い線を引いてみる。これまでの日本史では、どちらかといえば、この線がクローズアップされてきた。

その線の隣に、地震・津波の補助線を引いてみたとしよう。すると、いつの時代でも予告なく、地震・津波の線はヒトに激しくぶつかる。三・一一のごとく、場合によってはヒトの線の方が細ることもある。

同じような方法で、さらにもう一本、ヒトの線の隣に新型コロナウイルスの補助線を引いたらどうなるのか。長い間、それらは平行線をたどっており、ヒトは新型コロナウイルスの線の存在にほとんど気づいていなかった。それなのに、二〇二〇年から突然に衝突して、ヒトの線の方が揺さぶられている。けれども、地震・津波の補助線への影響はない。

このように自然の視点からヒトの歴史を眺めてみると、この先もヒトは一本の線のまま、はるか彼方の未来まで続いていけるのかという不安に突き動かされてしまう。自然や地球の大きなうねりのなかで、ヒトの線がぐらつき、はかなく消え去る可能性もあるだろう。ひょっとしたら、三・一一や新型コロナは、そのような兆候のひとつなのかもしれない。

ただ、このように不安を募らせるだけでは、将来の世代にツケをまわしているようで申し開きができない。冒頭の一文のように、後世に憂いを残さないためにも、きちんと取り除いておくべきである。だからといって、過去を振り返る歴史学は、はたして未来を見すえて何ができるのかというジレンマも抱えている。

こういう現状において、歴史学が主体的な役割をはたすためには、ヒトの歴史の線の隣に、いろいろな自然の歴史の補助線を引くことから始めるしかないのだろう。ヒトと自然とが、地球上でどのように関わりながら生きてきたのかを次々に明らかにしていく。そうすることで、人間社会の抱える難問が読み解けるかもしれないし、これから先もヒトの線を永く伸ばしていけるヒントが見いだせるのかもしれない。

■江戸時代に注目する理由

わたしたちヒト、つまり現生人類《げんせいじんるい》(新人)は、約一〇万年の歴史をあゆんできた。本書では、ヒトの長い一本の線のなかで、江戸時代に注目する。この時代には、水田稲作社会が成り立っていた。図には明治(一八六八〜一九一二)初期までの耕地面積と人口の推移が示されている。江戸初期以降、人びとは大地を切り拓くことに力をそそいできた。新田開発《しんでんかいはつ》である。

こうして江戸中期には耕地面積がほぼ倍増し、日本列島の歴史上、初めて一面に水田の広がる光景が出現した。人びとの大半を占めていたのは、田畠を耕すなどしながら生きていた百姓である。将軍や大名などの領主は百姓が年貢として納める米を主たる財源とし、売却された米は都市などに流通して消費された。こうして一七世紀には人口も倍増するなど、イネ(稲)は社会が経済成長を成し遂げる一因となった。

では、なぜ江戸時代に注目するのか。人類の歴史を振り返ってみると、自然がヒトに脅威をあたえてきた歴史の方がはるかに長い。地震・津波が、その代表例といえるだろう。逆に、ヒトが自然をコントロールしようとし、それがある程度できるようになる歴史は、近代以降のことなので短い。

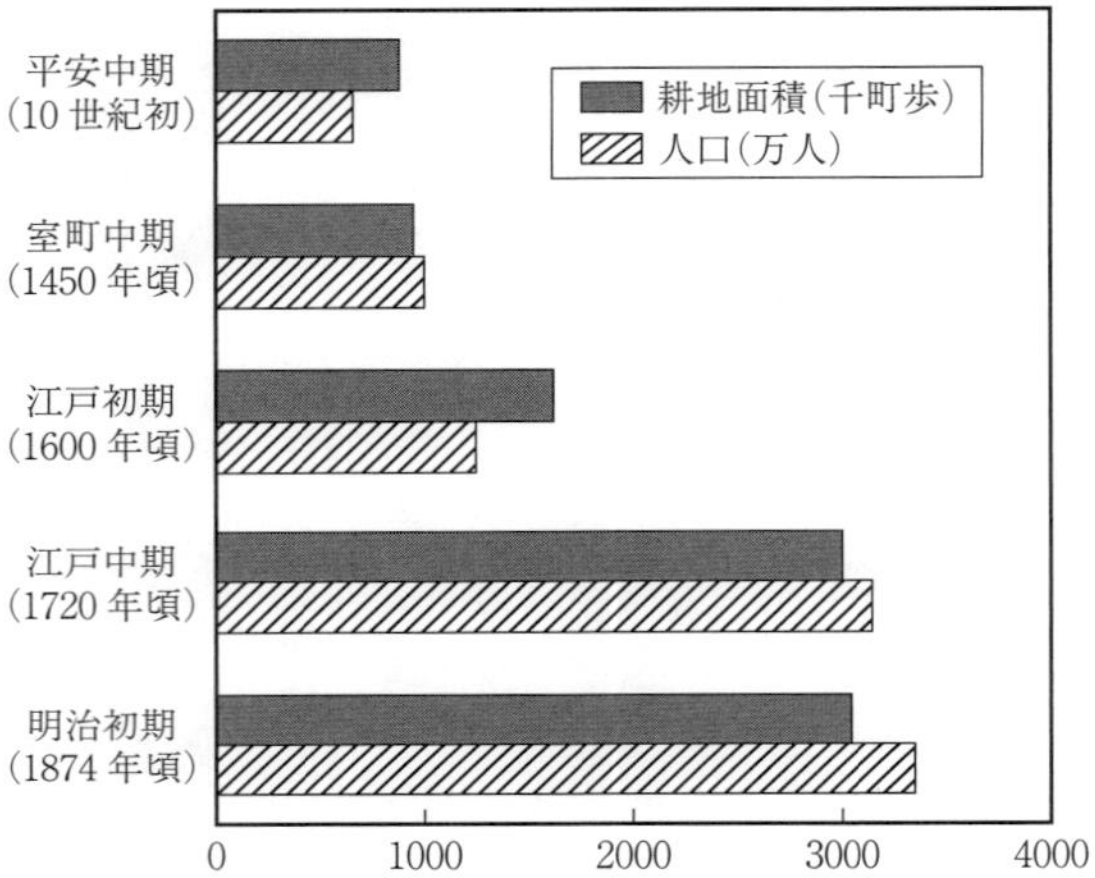

図　明治初期までの耕地面積・人口の推移（推計）
出典：大石慎三郎『江戸時代』（中央公論社、1977年）・鬼頭宏『[図説] 人口で見る日本史』（PHP 研究所、2007年）により作成。

それでも、今のわたしたちは科学技術で自然をコントロールできるようになってきている。だから、ヒトは自然より強い存在であると過信し、その反面、普段の暮らしからは自然より弱いヒトの側面が見えにくくなっているのかもしれない。

　はたして近代以前の江戸時代はどうだったのかといえば、ヒトが自然をコントロールしようと試みても、それを万全にできるだけの技術力を持っていなかった。だから、自然からのしっぺ返しも受けていたのである。

　図を見ると、江戸中期から明治初期にかけて一世紀半も経っているにもかかわらず、耕地面積も人口も微増しているにすぎない。一八世紀前半に、新田開発による社会の発展は終わりをむかえたようにみえる。江戸中・後期には、自然との関わりのなかで、人間社会がなにかジレンマを抱えていたことは想像にかたくない。

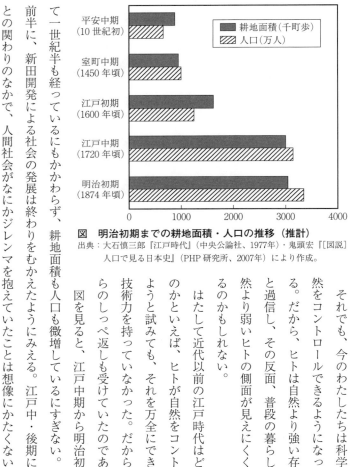

このように江戸時代には、ヒトは自然に対して強くもあり、弱くもあった。だからこそ、ヒトと自然との関係をとらえることによって、人間社会が抱えていた難問が浮かびあがってくるかもしれない。それのみか、「生き物としてのヒト」のリアルな姿も見えてくるのではなかろうか。

■どのような歴史の補助線を引くのか

早速、歴史の流れについて、ヒトの歴史の線を引くことから始めよう。とはいえ、江戸時代は身分制の社会であり、武士、百姓、町人など多様な身分のヒトたちがいた。そのなかで、ヒトの中心線となるのは、前述のように、この時代の人口の大半を占めていた百姓である。

つぎに、ヒトの隣に、どのような自然の歴史の補助線を引けばよいのか。百姓は田んぼを耕して稲作農業をしながら暮らしていた。そこでⅠ（田んぼとそれを取り巻く自然）では、気候、土、水、さらにはイネなどの歴史の補助線を引くことにしよう。つづけて、百姓の身のまわりには、いろいろな生き物もすんでいた。Ⅱ（百姓のまわりの生き物）では、ウマ（馬）などの家畜、田んぼを泳ぐ淡水魚、大空を羽ばたく鳥などの歴史の補助線も引いていく。

百姓のまわりの自然すべてが、彼らの暮らしにプラスの影響をあたえていたわけではない。Ⅲ（刃を向ける自然）では、野山を徘徊する獣たち、作物を枯らす虫、さらには天災などの歴史の補助線も引くことにする。

このように、ヒトの歴史の線の隣に、いろいろな自然の歴史の補助線を次々に引いていく。そのうえで、ヒトを取り巻く自然の視点から、人類がたどってきたどのような歴史が映し出されるのかをプロローグでまとめることにしたい。

なお、これから百姓たちのありのままの暮らしを復原するにあたり、そのおもな舞台となるのは、冒頭の又三郎が生きていた加賀藩である。さらに、多くの農書が収録されている『日本農書全集』（農山漁村文化協会刊）も用いながら、全国各地のヒトと自然とのありようも紹介したい。本文中では、史料はなるべく読みやすいように引用し、出典を記すにあたっては簡略化に努めたことをお断りしておく。

Ⅰ　田んぼとそれを取り巻く自然

1 気候

天の気も正しからざる年ありて　春の日寒く夏はひややか（冷）

（『日本農書全集　第二〇巻』）

■小氷期

東北地方の会津盆地で、江戸前・中期に村役人を務め、農業を指導した富農に佐瀬与次右衛門《させよじえもん》がいる。宝永《ほうえい》元年（一七〇四）に、彼は歌をとおして、寒冷地の農法を百姓たちに説いた。それが『会津歌農書《あいづうたのうしょ》』であり、冒頭に示したのは、そのなかの一首である。

与次右衛門は「天気が不正の年があり、春の日が寒くて夏は冷ややか」と、気候を案じている。江戸時代の頃、たしかに地球上は寒冷化に直面していた。

およそ一三〇〇年から一八六〇年まで、五世紀以上も地球上は冷ややかだった。これを「小《しょう》氷期《ひょうき》」とよぶ。江戸時代の頃には、太陽黒点がほとんど消えていたマウンダー極小期（一六四五～一七一五年）もかさなった。太陽の活動にも弱まるときがあり、これが地球の冷涼化に影響をあたえた可能性があるという（エマニュエル・ル＝ロワ＝ラデュリ『気候と人間の歴史・入門』）。

ひとまず、江戸時代をつうじて、気候がほぼ寒冷であったことをおさえておく。そのうち、マウンダー極小期は、江戸前期の後半から江戸中期の初めにあたる。冒頭の一首には、このような地球自体の歴史も見え隠れしていよう。

最新の古気候学においても、江戸時代がおおむね冷涼で湿潤な気候であったことが検証されている。それでも寒暖のサイクルがあった。たとえば甚大な飢饉《ききん》の発生した宝暦《ほうれき》期（一七五一～六四）・天明《てんめい》期（一七八一～八九）・天保《てんぽう》期（一八三〇～四四）には気温が著しく低下していたものの、それらのあいだには比較的に温暖な時期が続いていたとみられている（中塚武「近世における気候変動の概観」）。

■天気への関心のたかまり

一日の仕事を始めるにあたって、江戸時代の百姓は、前もってどのようにして天気を予測していたのか。

江戸前・中期に加賀平野で暮らした土屋又三郎は、宝永四年に農書『耕稼春秋』を著述した。同書からは、長い年月をかけて農業にたずさわってきた、彼の自負のようなものが伝わってくる。又三郎は、天気が移り変わっていくことを「運気」、あるいは「天文」と表現している。これを学んでおかなければ武士とはいえず、優れた百姓も知っておかなければならない、と釘をさす。そのうえで、次のような知見を披露した（『日本農書全集　第四巻』）。

〈天気のよくなる印〉

風東南より吹けば天気よし
家々の煙、屋根より直にのぼるは天気よし
日の入りに、西に横雲有れば天気よし
夕方虹立つは天気能き印

〈雨が降りだす印〉

天気能きも風なければ、変じて降る事有るべし
夕方の日に、かさ《（笠）》有れば雨の印

天の星、近く見え大きに見ゆるは雨の印
家々の煙、上らずして下るは雨の印

これらは、彼の広い知識のほんの一部にすぎない。風、雲、虹、星といった自然の移ろいを巧みに読みとり、天気を予測していたのである。

むろん、これ以外にも、江戸時代には天気への関心がたかまっていたことがわかる。なぜなら、百姓にかぎらず、いろいろな身分のヒト（人）が日記をつけており、なかには「晴」「雨」などのように天気が記されているケースがあるからだ。なぜ天気が記されたのか、その理由は定かでない。百姓の場合は、農作業の参考にしたとみられている。

■『晴雨寒熱十年日記』

みずからの日記から、気候を分析した稀有な武士もいた。加賀藩士の遠藤高璟《えんどうたかのり》である。以下、彼の事績を紹介しよう（拙稿「文化期の気候と加賀藩農政」）。

高璟は、城下町金沢（現石川県金沢市）を管掌する町奉行《まちぶぎょう》、藩の財務を担当する算用場《さんようば》奉行などを歴任した。藩主前田斉広《まえだなりなが》に重用されて、時刻制度を改正するなど、科学事業の中心人物でもあった。江戸後期の文政《ぶんせい》一一年（一八二八）には、金沢の町を六〇〇分の一に縮尺した絵図も作製している。

特筆すべきは、『晴雨寒熱十年日記《せいうかんねつじゅうねんにっき》』（金沢市立玉川図書館近世史料館所蔵「晴雨寒熱十年日記」）である。これは表装に仕立てられたもので、本紙は幅約五六センチメートル、高さ約一三一センチメートルの大きさとなる。本紙の下部左側には、「文化十三丙子八月より十月までの抜き書き」と追記されている。よって、『晴雨寒熱十年日記』は、文化《ぶんか》一三年（一八一六）八～一〇月に作成されたといえよう。

本紙の下部中央には、文政八年に二十四節気《にじゅうしせっき》の設定で書き加えがあり、その件については安《あん》政《せい》二年（一八五五）二月二日に記述したと書かれている。つまり、『晴雨寒熱十年日記』は、作成されてから九年後にバージョンアップされ、そのあとも彼が大切に保管し続け、晩年まで内容の検証が試みられていたことになる。

本紙の部分には、文化元年から一〇年までの一〇年間分、毎日の天気がびっしり記されている。ただし、高璟が毎日これ自体に書きとめていたのではない。金沢城下に彼は屋敷を構えており、そこで日記をつけていた。そのなかから、天気の情報を几帳面に抜き出したというわけだ。

図には、『晴雨寒熱十年日記』の一部分を示した。まず、下段の一段目には文化元年、二段目には文化二年、三段目には文化三年というように、一年分の天気が一段ごとにまとめられて記されている。たとえば、図からは、一段目の文化元年七月二日は「微雨」、三日は「曇」であることが読みとれよう。さらに、快晴＝青色、雪＝白色、雨＝灰色、風＝黄緑色のように、色分けがされてもいる。

分析された気候

上段には、二十四節気ごとに、天気の出現割合が示されている。文政八年に書き加えられた部分がここだ。図の上段には「立秋」のデータがまとめられており、一例をあげれば雨の出現割合は「二分」（二〇パーセント）となる。

このような方法で、立春から大寒にいたるまで、晴・曇・雨・雪・風・雷がどれほどの割合だったのかが緻密に分析されている。そこまでして彼が何をやりたかったのかといえば、その理由は『晴雨寒熱十年日記』では述べられていない。ただし、その時の状況をふまえれば、時刻制度の改正にあたって、なんらかの参考資料にしたかったのではなかろうか。

『晴雨寒熱十年日記』の作成から四〇年近くが経ち、晩年の高璟は次のように述懐した（金沢市立玉川図書館近世史料館所蔵「方軽人重晴雨軽寒暑重」)。「寒暑天行」に大差はない。したがって、五〇年、六〇年で変化することもない。もとより寒暑は、日々月々に順に移ろうのではなく、結局は寒くなり暑くなり、一年で一周するものである、と。さらに言葉をついだ。

農業を始めるにあたって、あらかじめ寒暖を知っておけば有益である。けれども晴雨については、梅雨と秋雨さえ心得ておけば、そのほかは雨具を用意しておけばことたりる、と。このように高璟は、みずからの日記を詳しく調べたうえで、そこから気候論まで導きだしたのである。

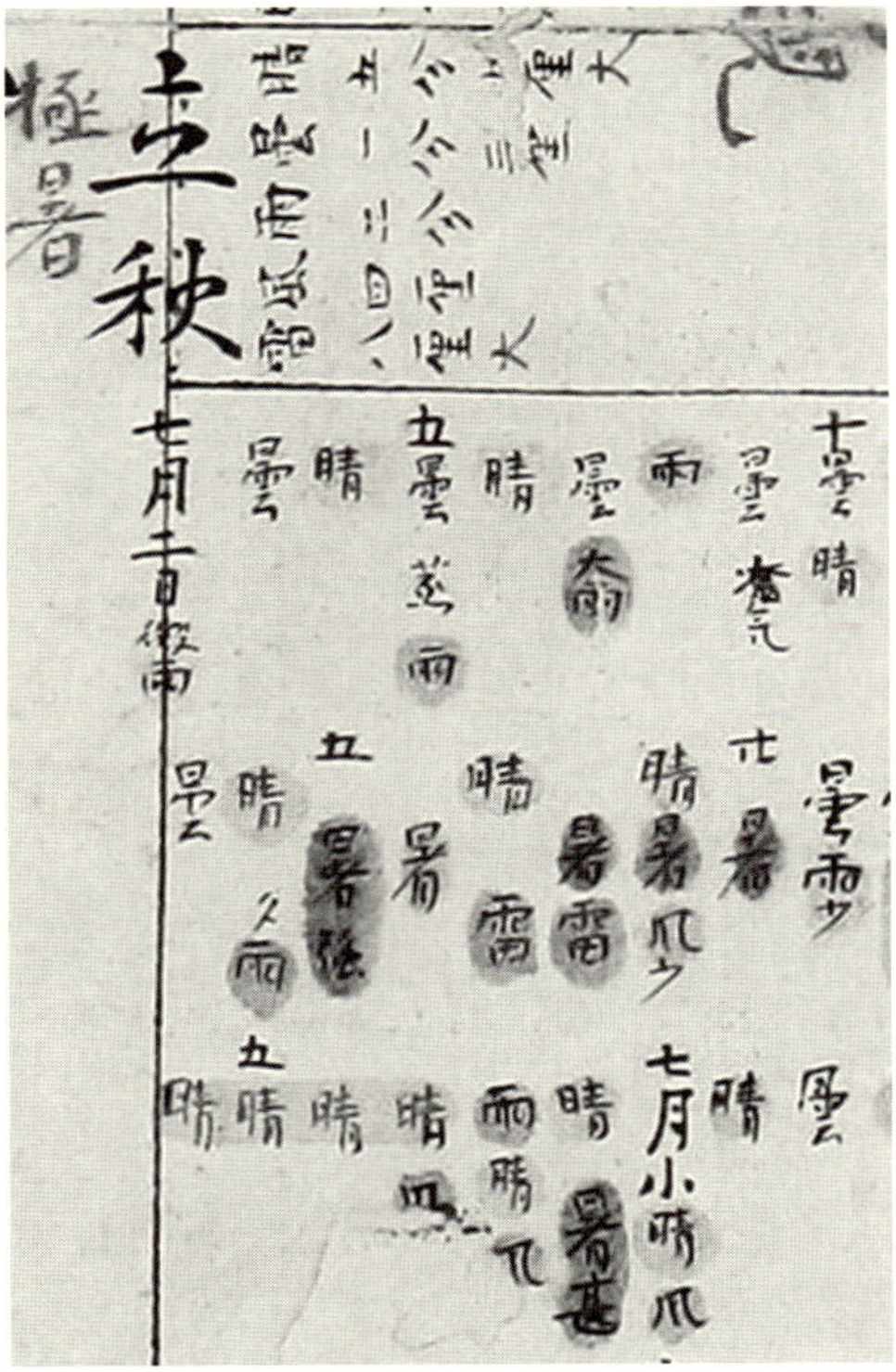

図　「晴雨寒熱十年日記」（部分）
（金沢市立玉川図書館近世史料館所蔵）

■地球温暖化

『晴雨寒熱十年日記』に記された気候をさらに分析してみると、すべての年で、晴の割合が半分以上を占めていた（前掲拙稿）。これに関して、次のような事例をあげておく。

加賀国鶴来《つるぎ》（現石川県白山市）出身の儒者金子鶴村《かねこかくそん》は、『坐右日録《ざゆうにちろく》（鶴村日記）』を書きつづった。同書によれば、文化六年七月二〇日から二四日まで、安立寺で雨乞いが行われたことがわかる。八月四日には、日照りで草木の葉が乾き、庭のクリ（栗）の葉の八割が枯れ落ちたため、晩秋のようだったという（『鶴村日記　上編』）。

これらの事実は、文化期が温暖だったこと、それにとどまらず、小氷期下の江戸時代においても寒暖を繰り返していたことを裏づけている。

とにかく、気候という視点からみれば、江戸時代のヒトは自然の移ろいに敏感だった。気候の影響をもろに受けていたからこそ、それを少しでも克服しようと、細心の注意がはらわれていたのかもしれない。

しかし、今では一変して、ヒトが発する力の方が大きくなり、気候の面においても、自然は悲鳴をあげているのではなかろうか。四六億年もの悠久の歴史をもつ地球については、以下のことが明らかになっている（横山祐典『地球四六億年　気候大変動』）。

過去の二六〇万年間にわたって、地球には気候が寒冷な氷期《ひょうき》と比較的に温暖な間氷期《かんぴょうき》があり、それらを繰り返しながら歴史をあゆんできた。気候変動である。強い温室効果をもつ二酸化炭素についてみると、およそ二五〇年前までの過去八〇万年間は、大気中の濃度は氷期には約一八〇〜二〇〇ppm、間氷期には約二八〇ppmと、ほぼその数値は一定していた。

だが、一八世紀後半にイギリスで産業革命が始まってから、そのリズムが激しく揺さぶられるようになった。化石燃料の燃焼によって大量の温室効果ガスが放出され、大気中の二酸化炭素の濃度が、わずか二五〇年で一・四倍にまで急増したからである。その原因がヒトであることは疑いえない。

これから地球が寒冷化していくとみなす少数の意見もある。けれども、温暖化が着実にすすんでいけば、一〇〇年後には二・五メートルも海面が上昇すると危ぶまれている。

2　土

> 上々と下々との土ハ、人のちから《(力)》及ばざる物なり、…その間、中下の土においては、…漸く人のちから《(力)》にて、変じかゆる事なる物なれば、その土の性をよく見分けて、うえ《(植)》物より、それぞれ手入れの品に至るまで、その相応をしる《(知)》こと第一なり
>
> （『日本農書全集　第一二巻』）

■一万年の土

最上級と最下級の土は、ヒト（人）の力ではどうにも変えられない。そのあいだの中級、下級の土ならば、ようやくヒトの力で改良できる。土の性質をよく見わけて、作物から手入れに使う物にいたるまで、その土にふさわしいかを知ることが、もっとも大切である、と。

江戸中期の元禄《げんろく》一〇年（一六九七）に、筑前《ちくぜん》国（現福岡県）の宮崎安貞《みやざきやすさだ》は、農書『農業全書《のうぎょうぜんしょ》』の

筆をおいた。福岡藩士だった彼は、それを辞して百姓から農業の詳細を尋ね、書を集めていく。そうして学んだことが『農業全書』にまとめられたのである。この出版は、江戸時代の農業技術の普及に大きく貢献することになった。

冒頭は、同書の一文である。土といっても一様ではない。以下に示すように、日本列島の土は、いろいろな性質をもつ（藤井一至『土　地球最後のナゾ』）。

山には若手土壌と未熟土、低地にはその堆積物からなる未熟度（沖積土）、傾斜の緩やかな台地には黒ぼく土（火山灰土壌）が広がっている。いずれも縄文時代からの一万年のあいだにできた、新しい土だ。一万年は、土が発達する時間としては短い。その半面、栄養分を供給できる鉱物が多く残っている。なおかつ、火山噴火、洪水、土砂崩れによって土が一新され、養分が補給されてきた。

江戸時代には新田開発がすすめられ、河川の上流から「沖積平野」とよばれる下流の平坦部にまで、大規模な田んぼが造成されていった。つまるところ、土の視点からみれば、江戸時代は沖積土開発の時代だったともいえる。

■沖積平野の開発

本書の舞台となっている加賀藩においても、沖積平野の耕地化がすすんだ。加賀平野の事例をみておこう。

城下町金沢のまわりに広がる加賀平野は、南北に細長い。東側と南側には、白山を中心とした山々が連なる。西側は直線的な海岸線で日本海側に面し、海岸線には砂浜が続く。日本海と山々との間に平野部が広がり、河川を水源とした稲作が行われてきた。

そのため、平野部では、手取川などの河川から水を引いた大小の用水路が、網の目のように張り巡らされていった。さらに雪国であることも、大きな特徴といえよう。ただ雪はマイナスだけではなく、雪解け水が農業にとって恵みの水をもたらすというプラスの面もあった。

加賀藩の領域は、加賀国だけではなく、越中《えっちゅう》国（現富山県）と能登《のと》国（現石川県）をあわせて、三か国にもおよんだ。この地における新田開発の推移を表に示した。

加賀藩は、俗に「加賀百万石」と称される。江戸中期以降の石高《こくだか》は一〇二万石あまりで、最大の藩でもある。それ以外にも、新田開発によって石高は増加した。表に示された新田高は、江戸幕府に公式に登録された数値である。しかも、石高一〇二万石あまりにはふくまれていない。江戸時代をつうじて開発された新田は、約三五万石にもおよんだ。

概していえば、新田高は一七世紀と幕末に増えている。そのうち、一七世紀初めから元禄一一年（一六九八）にかけての新田高は合計で二九万石弱、全体に占める割合は約八三パーセントにも達する。江戸前期の一七世紀が、まさに新田開発の時代であったことが認められよう。

表　加賀藩の新田高の推移

年　代	期間（年間）	新田高（石）	割合（%）
慶長・元和～正保２年（17世紀初～1645）	30～40	137,467	39.6
正保３～寛文３年（1646～63）	18	80,218	23.1
寛文４～天和３年（1664～83）	20	51,511	14.8
貞享元～元禄11年（1684～98）	15	19,615	5.7
元禄12～天保２年（1699～1831）	133	11,849	3.4
天保３～慶応３年（1832～67）	36	46,439	13.4
合　計		347,099	100.0

出典：木越隆三『織豊期検地と石高の研究』（桂書房、2000年）により作成。

それ以降をみると、元禄一二年から天保二年（一八三一）にかけては、新田高は三パーセント強しか増えていない。江戸中期になると、加賀藩においても、開発さえすれば経済成長をするという時代に終わりをつげたことがわかる。

■土への心のうち

この地で暮らした百姓たちは、土の性質の違いをどのように感じとっていたのか。もとより、色の違いや手触りなど、外見からも土の質は分類されていた。ここでは、そのような見た目の細かさではなく、土に対する、ヒトの心のうちの部分にせまってみたい。

まずは、江戸前・中期に加賀平野で暮らした土屋又三郎の考えを、彼の農書『耕稼春秋』（『日本農書全集　第四巻』）からみていく。

「世界」には陰と陽があり、「一身」にも陰と陽がある。それと同じように、土地にも陰と陽があるものだ。土が湿り、山かげ・森・藪《やぶ》などのように日が当たらない、できの悪い土地を陰とよぶ。逆に、乾いて、土がサラサラしていれば陽といえる。「一身」と「世界」が同じであることは、心づけてみれば明らかだ、と。

ここでいう「一身」とは、ヒトの身体をあらわす。他方で、「世界」とは、ヒトを取り巻く自然とみてよい。つづけて、又三郎の次の世代の百姓として、越中国西部の砺波平野で過ごした宮永《みやなが》正運《しょううん（せいうん）》の考えもみておこう。

砺波平野もまた沖積平野であり、庄川・小矢部川の流域には田んぼが一面に広がり、屋敷林に囲まれた家が点在している。ここでも江戸初期から新田開発がすすめられ、新たな村が次々に自立していった。けれども、江戸中期には、それが足踏み状態となってしまう（佐伯安一『近世砺波平野の開発と散村の展開』）。

江戸後期の寛政《かんせい》元年（一七八九）に、体得した農業技術を子孫に伝えるねらいもあり、正運は農書『私家農業談《しかのうぎょうだん》』を著述した。同書のなかでは、次のように土が語られている（『日本農書全集第六巻』）。

土地には冷、熱、虚、実があり、土の質も陰と陽にわけられる。これは百姓であれば、第一に知っておくべきことである。土の質を見わけることは、あたかも医者が病気の原因をつきとめ、薬を用いるようなものだ。土地の冷、熱、虚、実をふまえて、どのような肥料を施し、何を植えるのかを考えれば、豊作がもたらされる。それは、医者が処方をすることで、その効き目が大きくなるのと同じことだ、と。

二人に通底しているのは、中国古代に起源をもつ陰陽五行説《いんようごぎょうせつ》である。これは、万物には陰と陽、木・火・土・金・水の五行があるという思想で、干支をはじめとして、江戸時代の庶民生活のなかにも浸透していた。

なにより、又三郎は「一身」と「世界」が同じと、正運は医者のように土を処方すべきだと唱えていた。「ヒトは自然の一つ」であり、土もヒトと同じ自然とみなされていたといえる。

■土におよぼすヒトの力

前述のごとく、沖積土もふくめて、元来、日本の一万年の土は豊かな栄養分をもつ。ところが、イネ（稲）などの作物を植えると、それが生育していくにつれて、どうしても土の養分が吸いあげられてしまう。そのあたりの実情を、もう少し掘りさげてみたい。

『耕稼春秋』において、又三郎は、過去と現在とを比べて、土の利用が次のように変わったと話す。古くは人口が少なかったので、田んぼは土地が余っていれば、毎年のように場所を替え、あるいは一、二年ほど休めておいて作付けすることができたという。田地に入れる肥やしが不足しても、作物はよく実り、秋の成長も充分であった、と。

江戸前期には、田んぼの生産力が衰えれば、余っている土地を使う。もしくは、耕地を休ませて生産力の回復を待てばよかった。ここからは、江戸前期の段階では、土そのものに栄養分が保たれていたことがうかがえる。だが、又三郎は、次のように現状を危惧してもいた。

今はのちの損を考えず、ただ差しあたって多く収穫することを、諸国の百姓は常に考えているように見える。近頃は、全国各地で昔より多くの人口を養うようになった。よって、無理に田畠から多くの五穀を収穫すれば、のちに勢いが衰えていくのは自然のなりゆきに見える、と。

江戸中期になると、百姓は後々のことを考えず、目先の利益をなるべく多く得ようとしていた。このまま無理に耕作をすすめれば、土地の生産力が衰えてしまい、いずれは農業も必ず廃れていくというのだ。はたして、どうすれば土地の生産力を回復できたのかといえば、正運が語っていたように肥料を投入すればよかった。

このようにみてくれば、土の視点からみた江戸中期以降のヒトは、以下のように評せる。作物を多く植えることで、ヒトは土から過剰に栄養分を奪う。その穴埋めをするために肥料を施す。農業を営むがゆえに、毎年、ヒトは土に対して、これを繰り返さざるをえなくなったのだ、と。この肥料問題は重要なテーマなので、これからも取りあげたい。

ただ、注意しておきたいのは、冒頭の言のように、江戸時代では、ヒトの力ですべての土を改良することは不可能だったということだ。土や肥料の成分をきっちり分析し、土木技術を飛躍的に高めて自由自在に土地を造成していく。その裏で、土もヒトと同じ自然だという認識を失っていくのが、近代以降の人類のあゆみなのかもしれない。

3　水

稲は水のかけん《加減》大事なるよしにて、水見とて稲植え付けて翌日より田を廻り、苗の切れたるはうえ《植》付け、あるいは水ふか《深》ければ水戸を下げ、浅ければ水戸を上げ、…水の廻りよ《良》きように仕り、それより一通りにて隔たる地所によりて毎日行く事なり。

（『日本農書全集　第三〇巻』）

■田んぼと水

稲作では、水加減がもっとも重要なことだ。「水見《みずみ》」といって、田植えの翌日から田んぼを見て回る。苗が欠けていれば補植をし、水が深すぎれば取水口から水を落とし、浅ければ水を入れる。水の回りが良いようにし、離れている場所でも、毎日ひととおりは足を運ぶこと、と。

冒頭は、伊予《いよ》国（現愛媛県）の農書『農家業状筆録《のうかぎょうじょうひつろく》』の一文である。同書は、江戸後期の文化期（一八〇四～一八）に、大洲《おおず》藩士井口亦八《いぐちまたはち》によって著述されたという。彼は農村を管轄する郡奉《こおり》行を務めていた。その経験もふまえて、「水見」の大切さが唱えられているとみてよい。

イネ（稲）は根から水分を吸収して育つ。そのためには、田んぼに水をためておかなければならない。畦《あぜ》で囲むことよって水漏れを防ぎ、用水路から水の出し入れをするための取水口を設ける。水をためることによって、連作障害も防げる。いいかえれば、田んぼは、連年でイネを栽培することができる特長をもつ。

その反面、水不足になれば目もあてられない。『農家業状筆録』には、その対処法が以下のように記されている。日照りのときには、昼夜なくかけ回って田んぼに水を引き込む。畦が割れないように何度も塗り直し、工夫をこらして手段をつくす。その辛労万苦は、言葉にも筆にもつくせるものではない、と。

百姓は、作物が順調に育ち、豊作になることを願う。そのために、まずは水を手に入れなければ、稲作を安定させることはできない。とくに平野部の一面に水田が広がった江戸中期以降は、用水路から水を引いて、田んぼの隅々にまで水を届けなければならなかった。裏をかえせば、それだけ百姓たちは、水の管理に腐心するようになったといえよう。

図　「耕稼春秋」よりため池から田んぼに水を引き入れる百姓
（西尾市岩瀬文庫所蔵）

■百姓の水への思い

江戸前・中期に加賀平野で暮らした土屋又三郎は、農書『耕稼春秋』において「用水」を論じるなど、水への関心がたかい。彼は、次のように述べる（『日本農書全集　第四巻』）。

田は第一に用水を根本としている。こういう理由から、勾配のよい河川から用水路を造り、一、二里あるいは三里もその水を通す。道々に小さな水路を設け、村々に取り入れる用水は、より優れている、と。I―2（土）でみたように、現に加賀平野では、新田開発にともない、用水路が網の目のように広がっていった。

用水路のない所では、ため池が造られた。図は、田植え後の四月に、田んぼに水を引き入れる場面である。男性が、それまで着用していた蓑《みの》と笠《かさ》をとっている。雨あがりとみてよい。雨で水位が増すのを見計らって、ため池の水門を開けているのだ。さらに図を見ると、山から流れ落ちた水が、ため池に流れ込んでいる。山からの水は冷たく、じかに田んぼに水を引き入れるとイネが育たない。そこで、水をためて温めてもいた。

用水路やため池がなければ、百姓は雨水を待つしかない。『農家業状筆録』でも注意がうながされていたように、不意の干ばつに備えておく必要もある。又三郎は、次のように呼びかけた。

ため池から流れてくる水がつまっていないか、柵《しがらみ》が破損していないかなど、すべてにわたって気をつけておく。水を米のように大切に思い、不意の日照りにも、水を絶やさないように守りなさい、と。

柵とは、水流をせき止めるため、杭《くい》を打ち並べ、それに柴やタケ（竹）などを絡みつけた物をさす。米と同じように水を称えている点に、又三郎の水への思いが伝わってこよう。

■水質の問題

江戸中・後期に砺波平野で過ごした宮永正運の意見も聞いてみたい。彼の農書『私家農業談』（『日本農書全集　第六巻』）には、次のような語りがある。

田植えをして四、五日までを「児苗《こなえ》」とよぶ。児苗はまだ苗とはいえないので、水の加減を大切にすることだ。毎朝、毎夕はもちろん、一日に二、三度は見回りをするように気を配る。赤子に母の乳を与えるのと同じように、水が多すぎれば苗にとって悪くなり、足りなければ害になる。児苗のうちに、冷たい水を多く入れると、苗は必ず傷む、と。

正運もまた、田んぼの水の量や温度について、細心の注意をはらうべきだと説く。細心さというのは、「児苗」と表現したり、赤子に乳を飲ませるようにたとえたりしている点に表れていよう。

苗が生育していくにつれて、水の管理をどうすればよいのか。『私家農業談』では、次のように水質にまで視線がそそがれていた。

およそイネは「第一汚泉によろし」といって、汚れた水がかかるのを好む。汚れた水とは、具体的には、朝夕の米のとぎ汁、人馬が浴びた垢水《あかみず》、あるいは肥溜《こえだめ》に落ちる大小便のこぼれたものをさす。

田んぼの上の方に人家があれば、汚水は集落から用水路へ流れ込み、おのずと田んぼに入っていく。だから、田地の上の方に集落がある場所は、しだいに肥えるものだ。逆に、田んぼの下の方に人家があれば、そういう場所は、汚水はほかの集落の方へ流れ出ていく。よって、いたずらに他村の田だけを肥やし、自分の村の田んぼは痩せてしまう、と。

栄養分を多く含んだ生活排水が田んぼに入れば、それが吸収されることによって、イネはより生き生きと育つ。村内で用水路がどのように張り巡らされているのかについても、百姓は配慮しなければならなかった。

■水の分配

正運の子、宮永正好《みやながまさよし》は、『私家農業談』を補うねらいもあり、江戸後期の文化一三年（一八一六）

に農書『農業談拾遺雑録《のうぎょうだんしゅういざつろく》』をまとめあげた。同書においても、田んぼの水の管理には、以下のように強い興味がもたれている（『日本農書全集　第六巻』）。

日照りのときに、水回りの不自由な用水路しかない村々では、昼夜なく水を引く。農家に大小があったとしても、いずれにせよ病んでいる者のように、水のために辛苦をするものだ、と。この苦しみから免れるために、正好は次のような心構えを伝えた。

耕作者の思いどおりに水の加減をさせず、公平に分けなさい。このときに自分勝手な働きをする者がいれば、用水路の下流の田を持つ者は、はなはだ困ってしまう。けっして自分に都合の良い振る舞いをしてはならない、と。

右の『農業談拾遺雑録』と冒頭の『農家業状筆録』の内容では、ともに水不足が警戒されている。しかも、両書は文化期に成立していた。Ⅰ―1（気候）でふれたように、その頃の地球上は温暖だった。これがきっかけとなって、百姓たちは、不公平のないよう、水の分配をすることに、神経をすり減らしていたのかもしれない。『農業談拾遺雑録』では、さらに以下のようなことが教示されている。

村々のまとめ役は、だいたいの事情を察して、百姓たちを諭すべきである。およそ自分にとって都合の良いことは、他人にとってはまったく不都合なことだ。この点をよくわきまえなさい。

誠にヒト（人）の行いは、大小にかかわりなく、善いことを行えば善い方に移り、悪いことを反省しなければ悪いことから免れることはできない、と。

■受益者負担の増加

新田開発によって用水路が行き渡ったとはいえ、これを管理するためにはコストもかかる。はたして、その費用は、どこから捻出されていたのだろう。加賀藩では、次のような変化がみられた（西節子「加賀藩の用水管理制度」）。

新田開発がすすめられた一七世紀には、藩の主導によって用水路が管理されていた。開発が停滞していた一八世紀中期までも、その方針は守られていた。だが、普請費用がかさむにつれて、それが藩財政を圧迫していく。これが起因して、用水路の管理は地域に委ねられてしまい、基本的には、百姓たちが普請費用を自己負担することになった。

江戸中期以降、田んぼの水をめぐって、受益者負担が強化されたといってよい。水はイネを育てることから、百姓にとっては、利益をもたらす自然のはずである。けれども、そのための用水路を維持すること自体が、かえって百姓にとって重荷となった。

水の視点からみれば、江戸時代のヒトは、稲作を営むがゆえに、用水路を引き、ため池を造るまでして、田んぼに水を満たした。その量や温度に視線をそそぎ、不公平のないように分配することにも努めた。そのための用水路のメンテナンス費も自己負担をしていたといえる。

ただ、これらは、現在でも同じように取り組まれているのではなかろうか。それでも、ひとつだけ大きな違いがある。水質の問題だ。米のとぎ汁、ヒトが体を洗ったあとの汚れ水、あるいは排泄物《はいせつぶつ》など、汚水は下水道に流されて処理されている。

つまり、江戸時代とはうってかわって、今では養分を多く含んだ生活排水を使う術を失っている。この点に、現在の水田稲作の特色を見いだせよう。

4 草

ただし、新開をせんとて、秣場の害などなす事なかれ

（『日本農書全集　第三巻』）

■草の役割

江戸後期の寛政七年（一七九五）に、上野《こうずけ》国渋川《しぶかわ》（現群馬県渋川市）の吉田芝渓《よしだしけい》は、農書『開荒須知《かいこうすち》』を著述した。商家に生まれながら学問を好み、実際に荒れ地を開墾した体験をふまえつつ、彼は筆をとった。

新しく開墾することは、民の善行の第一である。だから、山林や水辺にかぎらず、おのれの力がおよぶかぎり新開をし、ふたたび荒れ地を起こしなさい。太平の世の恩に、万分の一でも報いるように心がける。そうすれば、おのずと天地鬼神の恵みがあり、幸福がその家におとずれるに

ちがいない、と。

『開荒須知』では、このように開墾の重要性が唱えられているものの、ある点だけは戒められている。それが冒頭の一文であり、「ただし、新開をしようとしても、秣場《まぐさば》の害などをしてはならない」と念をおされた。

秣場とは、草を刈る採草地をさす。草は、そのまま田んぼに踏み込むと刈敷《かりしき》に、積み重ねて腐らせると堆肥《たいひ》に、ウマ（馬）やウシ（牛）の糞尿とブレンドすると厩肥《きゅうひ》にというように、土地の生産力を高める肥料として活用された。いわゆる草肥《くさごえ》である。草が腐ると、細菌の働きによって土が改良され、それが肥料としての効果をうむ。むろん、草が家畜の飼料にもなったことはいうまでもない。

■草刈り

稲作をするがゆえに、三月から百姓は、野山へ頻繁に向かわなければならなかった。江戸前・中期に加賀平野で暮らした土屋又三郎は、農書『耕稼春秋』（『日本農書全集　第四巻』）で次のように述べる。野山に草が生えれば、九月末まで毎朝一、二人ずつ百姓が草刈りに出かけて行く、と。三月から半年間も山へ出向いていたということは、草刈りは多大な労力を要した。

図　「耕稼春秋」より草を刈り家畜の背に乗せて村里に運ぶ百姓たち
（西尾市岩瀬文庫所蔵）

図がその場面で、百姓が鎌を持って草を刈り、それを家畜の背に乗せて村里へ運んでいる。ウシをひいて山を下る牧童は、草刈りのために雇われているのかもしれない。図をよく見ると、奥山には樹木が茂っているけれども、里に近い手前は草で覆われている。野山というより、草山という表現の方がふさわしい。なぜ草山が広がっているのか。

江戸時代には、草肥農業が全国的に展開した。草を確保するために、百姓は野山を切り拓くとそのままにして草を茂らせ、草山にしていたのである。ある試算によれば、耕地を維持するためには、その面積の一〇倍以上もの草山が必要だったという（水本邦彦『草山の語る近世』）。

図の草山は、じつはヒト（人）が人工的に造り出していたわけである。現実に、草山がどれほどの面積にわたって広がったのかはわからない。新田開発にともない、田んぼとセットで草山が大規模に広がった。これもまた、江戸時代の田園風景のひとつといえよう。

■草山をめぐるジレンマ

耕地面積が増えた江戸中期以降には、新たに開墾しようとしても、そういう耕地が少ない。そこで草山までもが新田として開発されていく。しかし、そうしてしまえば採草地が減り、草と飼料の確保に支障をきたす。無理に推しすすめた開発がもたらした、新たなジレンマである。

冒頭は、このような状況に対する警句ともいえる。草山が激減したことは、江戸時代の自然にどのような影響をあたえたのか。大きく三点をあげることができよう。

① シカ（鹿）の食害拡大

② ウマ・ウシの餌不足

③ 海の自然に依存

まず①について、シカは草を食べる。草山が減ったということは、シカの餌も不足した。シカはますます人里へ降りるようになり、農作物にあたえる被害も大きくなったであろう。もうひとつ、新たなダメージも起こった。シカは木の芽や樹皮も好む。とすれば、林業もシカの食害に悩まされたにちがいない。

つぎに②について、百姓は家畜としてウマ・ウシを飼っていた。草山が減れば飼料が手に入りにくくなるから、家畜の餌にさしつかえてしまう。

また、肥料になるのは、なにも草肥だけではない。イワシ（鰯）などの魚を乾燥させた干鰯《ほしか》、ナタネ（菜種）などの油を搾ったあとの油粕《あぶらかす》などの金肥《きんぴ》もあったからだ。現に、人口・水田が増加するにともない、草山も減少していたことから、百姓は金肥を買うようになった。その結果、③についてみれば、たとえばイワシといった海の自然に依存することによって、百姓の農業経営は成り立つことになった。

これが引き金となって、百姓はさらに新たな難問を抱え込む。肥料をふんだんにそろえられる百姓と、それができない百姓とのあいだでは、もともと作物の収穫量に差があった。ところが、草肥のような自給肥料が入手しづらくなると、金肥を購入できるかどうか、つまり資産の多寡が、水田稲作を経営できるかどうかの条件へと転化していったのである。

■「土地の咎人」

> 百姓の所作の中にて、麦刈りと田の草取りは、甚だ辛苦なる物なりという
>
> （『日本農書全集　第二五巻』）

江戸後期の文化二年（一八〇五）に、越後国《えちご》（現新潟県）長岡藩《ながおか》のある武士が、百姓の苦難を伝えるために農書『粒々辛苦録《りゅうりゅうしんくろく》』を書きおろした。同書のなかでは、右のように「百姓の仕事のなかで、麦刈りと田の草取りが非常に辛くて苦しいという」、具体例があげられている。

ムギ（麦）を刈るときには、根元をしっかり握り、力をこめて鎌を引かなければ切れない。そ

ればかりか、茎が柔らかいので、鎌を何度も砥いでも切れるものではない。終日で力をつくし、骨もおれるので、腰は痛み、気力を失い、頭に血がのぼって腫れてしまう。『粒々辛苦録』では、麦刈りの過酷さが、このように言いあらわされている。

他方で、草取りについては、『耕稼春秋』において、又三郎は以下のように述べる。田植えのあとの百姓の仕事とは、田畠の草を取り、その根を絶やすことである。「稂莠《イナクサ》」とよばれる苗に似た草がある。この草は、イネ（稲）の苗より早く茂り、しばらくそのままにしておくと、勢いよくはびこって土の栄養分を奪う。だから、油断せずに取り去らなければならない、と。

「稂莠」とは、イネ科の一年草であるイヌビエ（犬稗）など、いわゆるノビエ（野稗）をさす。又三郎の指摘のように、ノビエはイネに紛れて田んぼで早く育つので、百姓たちはこれを取り除くのに手間をかけた。百姓にとって、田んぼの草は目の敵のように思えるかもしれない。ところが、又三郎は、次のように意外な真実をつきつけた。

たとえば、草は田んぼの主人のようであり、元からその場所にあったものでもある。逆に、イネは客人のようであり、他所から来たヒトのようなものだ。だから、だいたいは力でもって、草をすべて除去することは難しい。良いことは栄えにくく、悪事がはびこるのが世の常といえる。又三郎は、さらに言い続けた。

草が栄えて、五穀などを害するのはたいそう速い。ゆえに、上の百姓は、草がまだ見えないうちに土を浅く耕し、草も除去しておく。中の百姓は草が見えたあとに草を除く。見えたあとでも、除草しないのが下の百姓である。結局、草は「土地の咎人」なのだ、と。咎人《とがにん》とは、罪人をあらわす。そう表現したいくらい、草を取ることには辛抱強さがもとめられる。それでも、田んぼの主《ぬし》は、イネではなく、あくまで草なのであった。

■草や虫との闘い

江戸中・後期に砺波平野で過ごした宮永正運は、草をどのように見ていたのだろう。彼の農書『私家農業談』(『日本農書全集　第六巻』)には、次のような記述がある。『農書全書』に記されているように、草は主人であり、イネの苗の方が客人のようなものである。よって、たいていの力では草をすべて取り除けない、と。正運もまた、又三郎と同じ意見をもっていた。つづけざまに打ちあけた。

草のなかでもノビエが大敵であり、除草も一、二回から、三、四、五回まで念入りにしなければならない。それだけでも苦労が絶えないのに、四、五回目の除草からは、さらなる苦悩がまっていた。

その頃は暦も土用《どよう》にはいり、炎暑がとりわけ厳しい。ブユ（蚋）やアブ（虻）などの虫も、わが身に群がって血を吸う。とても耐えられるものではない、と。さらに、吐露した。

そうじて百姓の苦しみというのは、早春に田んぼの氷を砕いて鍬《くわ》を入れ始めてから、秋に露や霜で手足が赤くなるまで、いずれの時期も気楽なことはない。なかでも、炎暑のなかで、イネの間にかがんで草を取っているのに、ブユ、アブ、カ（蚊）までが身体を攻めてくること、その辛苦は何とも言いようがない、と。

草を取るだけでも厄介なのに、夏には虫との闘いもかさなる。それでも天より授かっている産業なので、正直に働けば、子孫の代になっても仏や天の助けがある。このように前向きに農業を営むことを、正運は勧めたのであった。

江戸時代の百姓は、田んぼの草取りに苦心した。だが、今では農薬をまくことにより、その労力ははるかに軽減されていよう。それでも、田んぼの主人である草を取り除き、外からの客人としてイネを植えている。草の視点からヒトをみれば、この点は江戸時代からまったく変わってはいない。

5　イネ

三、四年已《以》来晩稲は取る実増すとて、風土の弁えうとくなり、早稲の益を知らぬ事に成り行き候

（『日本農書全集　第一巻』）

■イネの生態

東北地方の津軽《つがる》藩で村役人を務めた中村喜時《なかむらよしとき》は、江戸中期の安永《あんえい》五年（一七七六）に、談話の形式をとった農書『耕作噺《こうさくばなし》』を執筆した。その一例を次に示す。

そばにいた老人が口を開いた。根っからの津軽米は赤米《あかごめ》であると、昔から伝えられている。ゆえに、津軽の風土は、早稲（赤米）を大切にするものだ。さらに冒頭のような言葉をついだ。「三、四年前から、晩稲は収量が増えると思うようになって、風土をわきまえないようになり、早稲の

利益を忘れてしまっている」、と。

イネ（稲）は、イネ科の一年草である。世界の穀物のなかでは、トウモロコシ（玉蜀黍）・コムギ（小麦）とともに生産量が多い。品種としては、おおまかにみると、粒が大きくて細長いインディカ米と、粒が丸くて粘り気の多いジャポニカ米にわけられる。また、早く成長する方から順に、早稲・中稲・晩稲と分類することもできる。

なによりも重要なのは、本来、イネは温暖な気候に適した作物ということだ。津軽藩だけではなく、本書の舞台となっている加賀藩も、日本列島のなかでは、わりと寒冷である。それどころが、I—1（気候）でみたように、江戸時代においては、地球上そのものが冷涼であった。そのような条件下で、稲作が広まったのはなぜなのだろう。

たしかに、稲作の歴史は長い。日本列島では、およそ二五〇〇年前に、朝鮮半島に近い九州北部で稲作が始まったとみられている。近年では、その開始年代が五〇〇年もさかのぼるという調査結果がえられている（藤尾慎一郎『〈新〉弥生時代』）。

弥生時代には田植えも始まり、用水路・排水路を備えた本格的な水田も現れた。しかし、この時点で今日のような、見渡すかぎりの田んぼという風景が広がったわけではない。

イネの魅力

日本列島の平野部に水田が広がったのは、新田開発がすすめられた江戸時代のことである。村社会のなかで生きる百姓たちは、領主に年貢として米を納めなければならない。だから、稲作がより普及したのだ。しかし、百姓にとっても、イネが魅力のある作物だったことを見逃してはならない。

江戸前・中期に加賀平野で過ごした土屋又三郎は、農書『耕稼春秋』（『日本農書全集　第四巻』）のなかで、五穀のなかでイネはきわめて貴い、と称える。品種については、風や虫などの被害をさほど受けないもの、なんといっても味が良く収量が多いものを作付けすべきだと力説する。そして、次のように続けた。

その土地にふさわしい、収益が増えるイネの品種を考えて植えなさい。長年その場所で作付けされてきた在来種にたより、それ以外の品種を求める必要はないと、一概に思い込んではならない、と。

新たな開墾地で稲作を始めるにあたって、百姓はどれだけ不安だったことだろう。ましてや、本来は温暖な気候に適したイネのどの品種が、寒冷地の加賀平野にあうのかもわからない。そのような不安定な条件下であっても、加賀平野では稲作の試行錯誤が繰り返されていった。

このように米の増収をめざして、各地から新たな種子を手に入れ、収量を増やすという方法は、全国各地でも実施されていた。江戸前期には、大名が種子を取り寄せて配布することもあった。だが、中期以降になると、村同士などで種子交換を行うことが盛んになっていく（岡光夫・飯沼二郎・堀尾尚志責任編集『稲作の技術と理論』）。

■品種改良

イネの品種改良の方法について、『耕稼春秋』では次のように解説されている。同じ品種のなかから、みかけの違った籾《もみ》を選び出し、少しずつ栽培を試す百姓がいる。こうして品種は増えて、領内の各郡を残らず調べれば、その数は約五〇〇種にもおよぶ、と。

『耕稼春秋』が著されてから三〇年ほどが経った元文《げんぶん》三年（一七三八）に、加賀藩は領内の産物を調査して、『郡方産物帳《こおりかたさんぶつちょう》』（金沢市立玉川図書館近世史料館所蔵「郡方産物帳」）を編んだ。これには米の項目があるので、藩もイネの品種を把握していたことになる。

加賀平野の一部、石川《いしかわ》郡の場合、早稲・中稲・晩稲・早糯・遅糯・晩糯の六つに分類されている。「稲」とは普通の米である粳米《うるちまい》のこと、他方の「糯《もち》」とは粘り気のある糯米《もちごめ》をさす。さらに

表　元文3年（1738）のイネ品種内訳

分類	数	収穫期間(日)	味			芒の有無			芒の色			
		最短〜最長	良い	中位	悪い	長い	短い	なし	赤	薄赤	黒	白
早稲	20	85〜120	2	8	10	11	2	7	4	0	2	7
中稲	30	110〜130	13	7	10	17	2	11	11	0	2	6
晩稲	36	140〜170	8	13	14	16	4	16	10	2	3	5
早糯	5	90〜115	0	3	2	0	0	5	0	0	0	0
遅糯	10	110〜140	3	5	2	2	1	7	2	0	1	0
晩糯	11	150〜170	5	6	0	4	0	7	1	1	2	0
合計	112		31	42	38	50	9	53	28	3	10	18

出典：「郡方産物帳」2（金沢市立玉川図書館近世史料館所蔵加越能文庫 No. 16. 70-8）により作成。
註：晩稲のうち、1種の味は不明。

①名前、②芒《のぎ》の有無、③籾の色、④芒の色、⑤味、⑥収穫期間も記されている。①③を除いて、これらを一覧にして表に示した。

内訳をみると、早く収穫できる早稲・早糯の数は少ない。収穫は早稲・早糯で約三、四か月、遅い晩稲・晩糯で四か月から半年かかる。味は「中位」「悪い」に比べて、「良い」がやや少ない。なかでも早稲・早糯は味が落ちる。

籾の先についている毛のようなもの、すなわち芒に注目してみよう。短いものは少なく、多くは長いか、もしくはない。長い芒のある品種はイノシシ（猪）の食害を受けにくいともいわれている。鳥獣害を防ぐために、芒の有無など、イネの特徴を判別して植えていた可能性が高い。その芒の色は、赤・薄赤・黒・白の四種で、白以外の、色のついたものが多かった。

管見の範囲で、この時期の加賀藩では、年貢米の品質を厳しくチェックするように命じられてはいる。ただし、味などを細かく指定して納めさせる法令はだされてはいない。砕けてはいないか、あるいは実が薄くはないかなど、藩がこだわっているのは、しっかりとした米粒の形状が保たれているかどうかなのだ。ということは、百姓が納めていた年貢米は、結果的にはいろいろな銘柄の混ざったブレンド米だったとみてよい。

ところで、百姓自身は、みずから生産した米を食べることができたのか。『耕稼春秋』をもとにすれば、彼らの食料事情は以下のようにまとめられる。

百姓の主食はムギ（麦）である。それでも一年中、雑穀や雑食（混食）ばかり食べていたのではない。農作業に出るときには、仕事に力を入れるために、昼には必ず米を食べていた。しかも、雑食のなかにも米を少し入れるというから、毎食とまではいかないが、百姓は米を食べていた。はたして、どのような品種の米を食べていたのかといえば、それが大唐米《だいとうまい》なのであった。

大唐米とは、「唐法師《とうぼし》」「唐干《とぼし》」などの名称でよばれた、インディカ型の赤米をさす。粒が長いところに特色があり、耕作地として条件の悪い場所でも短期間で育つ。そこで新田を拓くと、まずこの品種を作付けする。そのあとに新田が耕地として安定すれば、いわゆる普通のイネへの転換がはかられたとみられている（嵐嘉一『日本赤米考』）。

品種の功罪

赤米が日本各地で栽培されていたことは、冒頭の一文からも明らかである。けれども、百姓は、田んぼに植えるイネを中稲や晩稲の方にシフトチェンジしていく。無理もない。それらの方が収量も多いし、おいしいからだ。

ただ、そうすることに、不安要素はなかったのか。なぜかといえば、冒頭では「早稲の利益を忘れてしまっている」と警鐘がならされていたからだ。ここで加賀藩の例として、能登半島で起こった飢饉をとりあげたい（拙稿「元禄期の凶作・飢饉と能登奥郡」）。

能登半島の北端で、江戸中期の元禄九年（一六九六）に飢饉が発生した。その発端となったのが、前年の九月初旬に降った大霜によって、イネの白化現象が生じたことであった。前述のように、その頃の地球上の気候は、際立って冷涼であった。地球上の寒冷化、あるいは大霜という異常気象が凶作の直接的な原因だったのかといえば、そうとは言いきれない。

原因のひとつには、イネの品種の問題があった。じつは、能登半島の風土は晩稲には適さなかったことから、中稲が多く栽培されていたのである。もちろん、早稲もある。それに比べると、中稲の方が収穫は遅いものの、味が良いというメリットがあった。
とはいえ、もし早稲が植えられていたならば、七月下旬から刈り始められていたので、九月初旬の大霜を避けることができた。このように、どの品種を植えるかによって、自然から受けるリスクにも差が生じていたのである。

その後のイネの品種についてもみてみよう（前掲『稲作の技術と理論』）。明治にはいって、一九〇〇年代にはイネの交配育種が始まった。病気に強い、倒れにくいなどの性質を目標にして研究され、有望品種は各府県の農事試験場に配布され、農家でも栽培されるようになった。

それでも大きな効果をあげたのは、在来種から遺伝的変異を示さない優良品種を選ぶ方式であった。つまり、江戸時代の百姓がまいた種が、近代育種の源流となったわけである。昭和（一九二六～八九）からは、遺伝的素質の新しい組み合わせをつくる交配育種法が、主としてすすめられていく。

現在の日本では、米の自給率は九〇パーセント以上と高い。わたしたちにとっても、田園風景はなじみ深いといえよう。ということは、イネという視点からみれば、江戸時代と変わることなく、今でもイネのそばにはヒト（人）がいる。そのために、ヒトがどのように自然に働きかけてきたのかについては、これから順をおって説明していきたい。

6　ムギ

今年凶作と見えしより、麦を蒔かせしに、…夏中の助かり第一せしなり。
（『日本農書全集　第一巻』）

■ムギの歴史

出羽国《でわのくに》秋田郡《あきたぐん》七日市村《なぬかいちむら》（現秋田県北秋田市）で村役人を務めた長崎七左衛門《ながさきしちざえもん》は、天明五年（一七八五）に農書『老農置土産並びに添日記《ろうのうおきみやげならびにそえにっき》』を遺した。耕作の手順や凶作の備えなどを、子孫に伝えるためである。

東北地方といえば、江戸時代において何度も凶作や飢饉に見舞われたことで知られていよう。彼もまた、二〇代半ばだった宝暦五年（一七五五）と、五〇歳を過ぎた天明三年と、二度の大飢饉を経験している。

とりわけ後者では、東北地方全体で死者が三〇万人を超えており、有史以来、日本列島上における最大級の大量死だったとみられている（菊池勇夫『近世の飢饉』）。その惨状が脳裏からはなれなかったのか、七左衛門は手をうった。冒頭のように、「今年は凶作に見えたのでムギ（麦）をまかせたところ、（相当に実ったので）夏におおいに助かった」と言祝いだ。

江戸時代の作物といえば、イネ（稲）を連想しやすい。ほかにも、必要に応じてムギ・アワ（粟）、ヒエ（稗）、ソバ（蕎麦）マメ（豆）などの穀物も植えられていた。それらのなかで、百姓が日常の糧にしていたのは、I―5（イネ）で述べたようにムギだった。

イネ科のムギは、なんといっても寒さに強い。西アジアを起源とし、朝鮮半島から日本列島へ伝わったとみられている。種類としては、オオムギ（大麦）・コムギ（小麦）・ライムギ・エンバク（燕麦）などがある。

日本古代には、ムギは冬の作物として栽培することが奨励されていた。中世にはいると、田んぼの二毛作として育てられ、裏作のムギへ年貢を課すことは禁じられていた。百姓の取り分として、認められていたからである（木村茂光編『日本農業史』）。

江戸時代では、基本的にオオムギは米のように粒食にされていた。他方で、臼や水車が社会に広まったことから、コムギは粉にされ、それにともない粉食も盛んになった（原田信男「近世における粉食」）。

■栽培方法

まずは、江戸前・中期に加賀平野で暮らした土屋又三郎の農書『耕稼春秋』（『日本農書全集　第四巻』）から、オオムギ、コムギの栽培方法を確かめておく。

○オオムギ

八月上旬から九月中旬にかけて、田んぼでオオムギの作付けが始まる。早稲や中稲を刈り取った、その跡を耕して種をまく。肥料としては、金沢近辺では小便を、松任《まっとう》（現石川県白山市）近辺では人糞を多く使う。

四月にはいって家の前の田植えを済ませてから、麦刈りをする。刈り取って束ねたら、その日のうちにウマ（馬）を使って家へ運ぶ。翌日には、庭に莚《むしろ》を敷いて臼を置き、それに穂を打ちつけて粒を落とす。これを杵《きね》でついて仕上げをし、篩《ふるい》にかけて粒をそろえていく。それからふたたび臼に入れてつき、ゴミを落として俵に詰める。

○コムギ

九月上旬にはいり、中稲を刈り取った跡の田んぼをウマで耕す。下肥、厩肥や灰を入れてから、コムギの種をまく。春になって雪が消え、晴れあがったときに灰を施す。肥料としては、灰がもっとも適している。追加で人糞も入れる。麦刈りをするのは五月中旬から下旬にかけてで、それから調製するまでの過程はオオムギと同じである。

江戸中・後期に砺波平野で過ごした宮永正運は、農書『私家農業談』（『日本農書全集　第六巻』）で、ムギについて次のように言い添えている。

ムギは、黒土の性が強い方を好むという。だいたい田であれば、湿気のない乾田《かんでん》がよい。黒土の性の弱い田は適さない。種をまくにあたっては、十分に肥料を施す。北国《ほっこく》（現北陸地方）はとくに寒いので、灰を用いないと寒気によって傷んでしまう。上方《かみがた》（現近畿地方付近）辺りとは違って、越中国ではムギの生産量がとりわけ少ない、と。

■麦作の注意点

『耕稼春秋』から、ムギを栽培するにあたって、気をつけるべき点をまとめておく。

ムギを作付けするにあたっては、灰や馬糞といった良質の肥料をたくさん貯えておく。なんら

表　元文３年（1738）のムギ品種一覧

分類	品　種	芒	穂	色	収　穫
大麦	六角三月麦	短い	短い		寒明110日程
	小柳三月麦	長い	短い		寒明110日程
	大柳	短い	長い		寒明140日程
	大六角麦	短い	長い		寒明140日程
	小柳麦	長い	長い		寒明140日程
	はだ麦（江戸麦）	なし	短い	薄赤	寒明130日程
小麦	赤子麦	短い	長い	赤	寒明150日程
	白子麦	短い	長い		寒明150日程

出典：「郡方産物帳」２（金沢市立玉川図書館近世史料館所蔵加越能文庫 No. 16.70-8）により作成。

かの都合で種まきが遅れた場合は、これらを必ず施して、土を厚くかぶせる。そうすれば、雪や霜の被害を受けることはなく、春になっても順調に育つ。

オオムギを畠で栽培すれば、田んぼで裏作をしたときよりも収量は少ない。年内に大雪が降り、三か月も雪が積もれば、オオムギは腐って収量は半分もない。田んぼで作るにあたり、水気が多い場所では実りが悪くなってしまう。「小柳」「六角」「はさみ麦」「はだか麦」など、品種はいろいろある。

コムギを栽培するにあたっては、とくに念を入れて種を選ばなければならない。種子が悪いと育ちが良くない。違う品種の種を混ぜないようにし、夏の土用にしっかり乾燥させて、虫食いや殻ばかりで実のない種を取り除いておく。

加賀国石川郡では、松任近辺のコムギが上質である。「おそこ」「はやこ」など、二、三の品種がある。土地に適しているかどうかだけではなく、風の激しい場所では、穂や茎が強く、脱粒しにくい品種を選ぶべきだ、と。

■百姓にとってムギとは

元文三年（一七三八）に、加賀藩は領内の産物を調べあげた。その報告書『郡方産物帳』（前掲「郡方産物帳」）のなかから、石川郡のムギの品種を一覧にして示したのが表である。『郡方産物帳』は藩が調査しているので、藩自体がムギの品種を掌握していたことはいうまでもない。

表からは、『耕稼春秋』が著されてから三〇年ほどが経っても、オオムギのうち、「小柳（小柳麦）」という品種はそのまま使われていることが見てとれる。さらに、芒や穂の長短、色、収穫期間まで、それぞれの品種に差があることは一目瞭然である。ムギそれぞれの個性を尊びながら、百姓は育てていたといえよう。

はたして、ムギとは百姓にとってどのような作物だったのか。土屋又三郎は『耕稼春秋』において、イネだけではなく、ムギについても、次のように称賛をしていた。

ムギは、秋に種をまいて夏に成熟する。つまり、前年の穀物がなくなる頃に収穫されて、秋に新米ができる時まで、つなぎの食糧として民を助ける。したがって、五穀のなかでは、イネについで貴いものだ。

近年は天下泰平で、人口も増えている。もし麦作が粗略に扱われていたとしたら、食べ物が不足してしまう。そうはいっても、町でも田舎でも麦作に熱心なため、収量は昔に比べると非常に多い。ゆえに、今の世で人びとの生活の助けとなる点では、ムギと比べられるものはない。誠にありがたい穀物である、と。

四季が過ぎゆくなか、去年の穀物がなくなる頃にムギが収穫でき、人びとの食糧を補う。この点が百姓にとって、もっとも大切であり、だからイネについで称えられていたわけだ。冒頭の一文は、まさにその証拠といってよい。

■ムギがはたした役割

加賀藩を例にしながら、ムギがはたした役割を、さらにふたつ確かめておく。

ひとつは、零細な百姓にとっての役割についてである。江戸中期にはいると、一般的には社会に転機がおとずれたとみられている。百姓の暮らしが商品経済の渦にのみこまれ、貧富の差がはびこった。いわゆる農民層分解（分化）である。こうして土地を失った百姓は、地主から土地を借りる小作人になった（大口勇次郎『幕末農村構造の展開』）。

加賀藩において、地主から小作地を借りることを「請作《うけさく》」とよぶ。同藩の農政が記された『理塵集《りじんしゅう》』によれば、請作をすれば、年貢は藩に、小作料は地主に納めて、その残りが小作人の取り分となる。さらにムギなども、小作人の利得になる（小野武夫編『近世地方経済史料　第七巻』）。小作人にとって、ムギは食糧であり、収入源でもあった。

もうひとつは、江戸時代の気候のもとでの役割についてである。I―5（イネ）でふれたように、江戸中期の元禄九年（一六九六）に能登半島の北端が飢饉に陥った。五月頃に、藩の農政を担当する改作《かいさく》奉行が現場を訪れた。その際に、ムギについては、藩に次のような説明をしている（金沢市立玉川図書館近世史料館所蔵「元禄中救恤留」）。今年は総じて実入りが良い。場所によっては少し青麦を刈っているものの、さしあたっての食べ物にはなる、と。

I―1（気候）でみたように、その頃の地球上は、際立って冷涼だった。それどころか、冒頭の天明期もきわめて寒冷であった。寒さに強いムギだからこそ、寒冷化に直面していた江戸時代においてプラスに作用し、より多く実ったのかもしれない。

ひるがえって現在の日本では、オオムギは、押し麦や麦茶として、あるいはビール、焼酎、味噌などに加工されて食べられている。だが、世界もふくめて圧倒的に栽培されているのはコムギの方であり、麺類、パン、菓子などの原料として使われている。そうはいっても、日本ではムギの自給率は低く、ほとんどが輸入にたよっている。

帰するところ、ムギの視点からみたヒト（人）とは、江戸時代には間近で称えてくれていたのに、今の両者のあいだには隙間風が吹いているとでもいえようか。

7 商品作物

麦と菜種子とは、農家殊に得分の作物なり、…菜種子は、収納して早く売りて、下男・下女の給銀、または田植えより草手等の雇い人の日傭賃にあつるものなれば、田を多く作る家ほど、菜種子はつ（作）くるべきことぞかし

（『日本農書全集　第四五巻』）

■江戸時代の商品作物

ムギ（麦）とナタネ（菜種）は、農家にとって、とりわけ利益のある作物である。ナタネは収穫したら早く売って、下男・下女の給料、あるいは田植えから草取りなどの日雇いの賃金にあてるものである。よって、田を多く作る家ほど、ナタネを栽培すべきなのだ、と。

豊後国《ぶんご》（現大分県）の農学者として著名な大蔵永常《おおくらながつね》は、江戸後期の文政一二年（一八二九）に、ナ

タネの製法を説いた農書『油菜録《ゆさいろく》』を刊行した。冒頭はその一文であり、百姓にとって、ナタネがいかに役立っていたのかがわかる。

江戸前・中期に加賀平野で暮らした土屋又三郎の農書『耕稼春秋』（『日本農書全集　第四巻』）によれば、稲刈り後にナタネの種がまかれ、翌年の四月下旬に刈り取られる。種は売却することによって百姓の現金収入となり、種を落としたあとの茎は燃料にもなった。

江戸時代には、ムギと同じように、ナタネも二毛作として栽培されていた。百姓は畠も耕しており、そこではワタ（綿）、タバコ（煙草）、アイ（藍）、ベニバナ（紅花）、アサ（麻）といった多様な商品作物が育てられていた。加賀藩の商品作物のなかで、ここではタバコをクローズアップしたい（拙稿「煙草の生産・流通・消費」）

■タバコの栽培

タバコはナス科のタバコ属の植物であり、起源をたどるとアメリカ新大陸にたどりつく。一六世紀末から、遅くとも一七世紀初頭には、ヨーロッパ人たちの船によって日本に伝わったという。喫煙方法は、乾燥させた葉を細く刻み、それをキセルで吸うのが一般的だった（たばこと塩の博物館編『ことばにみる江戸のたばこ』）。

タバコが伝来すると、喫煙の風習が広がっていた。これに対して、江戸初期から幕府はタバコの作付けを段階的に制限していく。一転して、江戸中期の元禄・宝永期（一六八八〜一七一一）には、本田畠でのタバコ作りが認められることになった（本城正徳『近世幕府農政史の研究』）。

こうして全国各地でタバコが栽培されるようになり、銘葉も誕生する。加賀藩ではどうだったのか。『耕稼春秋』から、加賀平野における生産方法をとらえてみよう。

春二月の彼岸の中日に、苗床にタバコの種まきをする。そのときには、小便をかけて、灰と混ぜた種をふるい落とす。発芽したら草を取り、雨天のときに小便をかける。五月に葉がオオバコ（大葉子）くらいの大きさになると、苗床から畠に移す。六、七月には、草取りや虫の駆除をして、肥料として油粕を補う。

八、九月には、実と葉が熟す。実から種を取り、翌年に種まきをするため、紙に包んで取っておく。晴天のときに小さい鎌か、薄刃包丁を使って、葉を一枚ずつ丁寧に摘む。それを一〇枚か、二〇枚に重ねて、家に持ち帰って庭先に置く。六、七日目には、葉二枚を背中合わせにして縄にかけて干す。二〇日ほど乾燥させたのちに、束ねて保管する。

これらの作業のなかで、四苦八苦したのは何だったのだろう。『耕稼春秋』のなかでは、そのあたりの事情は語られていない。又三郎にも多大な影響をあたえた、江戸中期の農書『農業全書』

(『日本農書全集　第一三巻』)には、タバコを作る場合、苦労の第一は虫を取り、わき芽をかくことである、と明快に書かれている。とりわけ、虫の駆除には、細心の注意をはらわなければならなかった。

百姓にとって、タバコは貴重な収入源といえる。ただし、『耕稼春秋』によれば、デメリットがふたつあった。

ひとつは、土地の生産力が衰えてしまうことである。加賀平野の一部、石川郡では、タバコの栽培などが起因して、平野部全体の土地の生産力が落ちていた。五〇年前と比べると、現在の収量は五、六割しかないという。

もうひとつは、価格が下がることである。タバコは、しっかり干せば、翌年でも品質が変わらない。ここに生産をするメリットがある。その半面、収入を期待したとしても、安価になることもあった。よって、百姓にとっては、リスクをともなう商品作物といえる。

■タバコの生産量

江戸中期には、どれくらいの量のタバコが生産されていたのだろう。

元禄一五年(一七〇二)一二月、加賀藩の財務を担う算用場奉行は、タバコがどれくらい作付けされているのか、村々に調査をするように命じた。その結果、加賀平野の広がる石川・河北《かほく》郡では、三四万二四五〇歩（約一一四ヘクタール）の面積で、生産量は五一万三六七五斤（一斤を約六〇〇グラムで計算すると約三〇八トン）であると報告されている（『改作所旧記　中編』）。

狂歌《きょうか》好きの煙草商人、三河屋弥平次《みかわややへいじ》が著した『煙草諸国名産《たばこしょこくめいさん》』によれば、江戸後期の文政期（一八一八〜三〇）頃で、都市江戸《えど》（現東京都）に入荷されるタバコの量は、七三五万八〇〇〇斤あまりだった。江戸の人口を一一〇万人あまりとすれば、一人につき一年間で約六斤六分八厘九毛の消費量になるという（『日本農書全集　第四五巻』）。

むろん、この量は江戸の住民すべてを喫煙者とみなしているので、正確とはいえない。ただし、この量をひとつの目安としてみると、石川・河北郡で七万六七九四人分の生産量があったことになる。宝永七年（一七一〇）の城下町金沢の人口は六万四九八七人だった（金沢市立玉川図書館近世史料館編『温故集録　二』）。石川・河北郡では、金沢の全人口を上回るほどのタバコが生産されていたといえよう。

それだけにかぎらず、江戸中期には名産地も誕生していた。『耕稼春秋』には、タバコの品質について、次のように記されている。泉野《いずみの》村（現金沢市）の質は悪い。だが、鶴来の山内や手取川の流域は上質である、と。鶴来産のタバコが、加賀藩の銘葉として評判が高かった。

図１　「耕稼春秋」よりキセルを吸って美田を眺める百姓
（西尾市岩瀬文庫所蔵）

図2　「耕稼春秋」（部分）より花見の宴で喫煙する老婆
（西尾市岩瀬文庫所蔵）

■喫煙をする百姓たち

百姓の暮らしは、つねに農作業におわれた。それなのに、タバコという嗜好品《しこうひん》を生産していたのである。彼ら自身は、それを消費しなかったのか。

図1には、田植えの終わった四月の場面が示されている。田んぼの水を調節するため、百姓は畦を切って上から下の田へ水を落としている。農道には、作柄の視察をしている武士がいる。農政を任された改作奉行ではなかろうか。

巡回している武士のそばでは、農作業で疲れたからか、男性二人が背中を合わせて農道で休んでいる。その手前では、もう一人、別の百姓がキセルを吸いながら、美田をじっと見つめている。心身のリラックスを求めて、彼は喫煙を楽しんでいるとみてよい。

つぎに図2を見てみよう。三月には、乾田を犂《すき》で耕す一回目の作業をする。その作業のそばで、花見の宴が催されているのが図2の場面である。満開のサクラ（桜）の下で、すでに農作業を終えた百姓たちが、半日休みのひと時を過ごしているのだろう。

大きな桶に入った料理がつぎ分けられ、小さな桶に入った酒を飲み、皿の上に並んだ料理に舌鼓をうつ。参加者七人は輪となり、そのなかには子どもと頬かぶりの男性たちがいる。団欒《だんらん》をしているのは、一家族と若干の奉公人というところか。その輪のなかで、紫煙をくゆらせているのが老婆、すなわち女性であったことも見落とさないでほしい。

■タバコは益ある作物なのか

百姓たちは余暇を楽しむだけではなく、みずからが栽培した、タバコという贅沢《ぜいたく》な一品を消費してもいた。農作業にあけ暮れるなかでも、〈簡素な豊かさ〉をつかみ取っていたといえようか。タバコの視点からみれば、江戸時代には、商品作物と調和しながら、ヒト（人）が暮らしていた。

一見すると、そのように思えるかもしれない。けれども、タバコを栽培するためには、多額のコストを投じて、大量の肥料を施さなければならなかった。だから、江戸中・後期に砺波平野で暮らした宮永正運は、農書『私家農業談』（『日本農書全集　第六巻』）で注意を喚起した。現代語に訳した、彼の意見を示して結びとしたい。

タバコを作る土地を変えて、ヒトの力と糞をもって、農家ごとにワタを増産する。そうすれば、当国には、それが満ち足りて、他国の力を借りなくても、衣服が行き渡り、百姓や村老の寒さを防ぐことになる。

もし、この道理をわきまえる百姓がいたならば、後世に無益なタバコをやめて、益のあるワタに作り替えるようにしなさい。

コラム1　ヒトと自然の琉球史――田んぼ

> 御当国の儀、大方天水田に候えば、兼ねてその覚語（悟）致し、…もっとも稲刈り仕廻（舞）候わば、早速畦を固め、水持ち留め候様に致すべきこと
>
> （『日本農書全集　第三四巻』）

琉球国

九州南方から台湾にかけて、数多の島が弓なりに連なっている。そのほぼ真ん中に、沖縄島が浮かぶ。日本本土が江戸時代の頃、この島を土台にして琉球国《りゅうきゅうこく》（以下、「琉球」と略記）が成り立っていた。このコラムでは、三回にわたって、琉球のヒト（人）と自然とのありようをとらえたい。

琉球といえば、今から約六世紀前の一四二九年に尚巴志《しょうはし》が樹立し、アジアの中継貿易によって繁栄をきわめたことで知られている。けれども、江戸初期の一六〇九年に、薩摩国《さつま》（現鹿児島県）の島津《しまづ》氏が侵攻する。これ以降、国自体は存続しているものの、実質的には島津氏が大名として君臨する薩摩藩の支配下におかれた。

この島国が薩摩藩に属していたのは疑いない。その半面、自然のまなざしから琉球をとらえてみると、もっと別の国のカタチが見えてくる。田んぼに注目してみよう（拙著『茶と琉球人』）。

蔡温

現在、沖縄島の農業といえば、サトウキビ（砂糖黍）をイメージする方が多いのではなかろうか。だが、今でも名護市羽地地区には、稲穂がたわわに実っている。ここの一角に、図1に示した改決《かいけつ》羽地川碑記《はねじがわひき》がそびえ立つ。この碑には、あるヒトが河川を改修した事績が刻まれている。琉球の政治家、蔡温《さいおん》である。

一七二八年に、彼は首里《しゅり》王府の最高職である三司官《さんしかん》につき、政治改革をすすめていく。なかでも満身の力をこめたのが農政であった。一七三四年に蔡温は、同じ三司官らとともに農書『農務帳《のうむちょう》』

を公布した。農政を指導する役人の手によって、百姓に農業を奨励させることをねらったのだ。

冒頭は『農務帳』の一文である。田んぼを営むにあたり、次のような細かい注意がうながされていたことがわかる。

琉球では、ほとんどの田んぼは天からの雨水に頼っている。まえもって、そのような心構えをしておきなさい。もっとも、稲刈りが終わったら、すぐに畦を固めて、田んぼに水を満しておくようにすること、と。

沖縄島には大河が流れていない。川から用水路を引いて、大量の水を田に送るのには困難がともなう。だから、雨水に頼るか、田んぼに水をためておくことが推奨されているのだ。農業にとって厳しい条件下で、蔡温の手腕がとわれた。

図１　改決羽地川碑記（複製）
（筆者撮影）

新たな国のカタチ

羽地地区では、大雨が降ると、川の下流では水害が絶えなかった。そこで治水の技術にたけた蔡温がリーダーとなって、河川工事が始められた。『農務帳』が公布された翌年のことである。工事のために、のべ一〇万人以上が動員されて、この地区の美田はかろうじて守られた。

沖縄島における耕地面積の推移を確かめてみよう。一七世紀には約八、四〇〇町（約八、四〇〇ヘクタール）だったのに対して、一八世紀半ばには約一九、七〇〇町（約一九、七〇〇ヘクタール）と、耕地面積は倍増している。その内訳をみると、田よりも畠の面積の方が二倍以上も広い。とはいえ、田んぼの面積も倍増しているため、それは新田開発に力がそそがれたことをあらわす。

なぜ耕地面積が増えたのかといえば、その一因は羽地地区の工事にあった。じつは、このときに

図2　仲間あさと原の印部土手
（筆者撮影）

蔡温の技法を習うため、役人らが同行していたのである。こうして、彼の技術を習得したブレーンたちの手によって、国中の河川が次から次へと改修されていった。

耕地が広がったことから、一七三七年から十数年の歳月をかけて、国土が測量されていった。その現場には、基準点として「印部石《しるびいし》」とよばれる石が順々に置かれていった。図2は、現存している印部石の一つである。約四四センチメートルの高さで、浦添市の浦添大公園にひっそりと立つ（沖縄県地域史協議会編『沖縄の印部石』）。

つまり、田んぼの視点からみると、本土だけではなく、沖縄島においても、一七世紀からヒトは大地を切り拓き、河川を改修していったといってよい。こうして一八世紀半ばには耕地面積が倍増して、農業型社会が成立した。〝琉球農業国家〟という、新たな国のカタチの誕生である。

II　百姓のまわりの生き物

1　ウマ

六畜の内にも馬は大事なり、これにより折々馬喰と引き替え、人一代には大金のかかる物なり、町人の悪口に、百姓の小金は仏檀《(壇)》と馬に成り果てると、むべなり

（『日本農書全集　第二四巻』）

■六畜のなかのウマ

六畜《ろくちく》（ウマ・ウシ・ヒツジ・イヌ・ブタ・ニワトリ）のなかでも、ウマ（馬）がもっとも大切である。それゆえ、馬喰《ばくろう》から折々に買い替えるので、一代のあいだでも大金がかかってしまう。「百姓の持つ小金は仏壇とウマに費えていく」。このように町人が悪口を言うのは、もっともだ、と。なお、馬喰とは、牛馬の売買などを業とする者をさす。

幕末の慶応《けいおう》元年（一八六五）に、飛彈《ひだ》国吉城《よしき》郡蓑輪《みのわ》村（現岐阜県高山市）の篤農家、大坪《おおつぼ》二市《にいち》は農

書『農具揃《のうぐせん》』を著した。長年に試してきた農具のことを、子孫に伝えたいという想いがあったからである。冒頭には、そのなかからウマに関する一文を示した。

江戸時代の百姓たちは、丹精をこめてイネ（稲）を育てた。彼らのそばには、いろいろな家畜が暮らしていた。なかでも、ヒト（人）にもっとも寄り添っていたのがウマであったことが、冒頭の一文からは伝わってこよう。

ウマは、奇蹄目《きていもく》ウマ科に属す草食性の動物である。二〇世紀中頃までは運送と農耕の両面において、ウマはヒトにとって大きな役割をはたしてきた。日本在来のウマは小型である。しかし、明治以降に外国産の品種がはいり、交配されていった。よって、現在では在来馬はわずかとなり、北海道和種馬《ほっかいどうわしゅば》や与那国馬《よなぐにうま》など、わずか八種が残されているにすぎない。

■百姓がウマを飼う理由

江戸時代のウマには、ライフコースがあった。オスとして誕生したならば、そのなかの優れた一部のみが、「武具」として武士とともに生きる道を歩みだす。一方、それ以外のオス、あるいはメスとして生まれると、農耕や運搬などのためにヒトの利用に供されることになった（兼平賢治『馬と人の江戸時代』）。

これからは、加賀藩を事例にしながら、百姓とウマとの関係をとらえていく。江戸前・中期に加賀平野で暮らした土屋又三郎は、農書『耕稼春秋』（『日本農書全集　第四巻』）において、家畜を次のように評す。百姓にとって、六畜のなかでウマがもっとも良い。その働きぶりはヒトにつぐ。ただし、無言なので心をよせて、気持ちや体調の浮き沈みを察しなければならない、と。

又三郎もまた、ウマを褒め称えていた。餌の量によって違いもある。しかれども、ウマを用いれば、農作業を速くすすめることができる。そのためにウマは、湯で洗われるなどして、愛情をこめて育てられていた。

百姓がウマとひとつ屋根の下で生活すれば、ウマは声高く鳴くし、糞尿も鼻につく。だが、そういう音や臭いとともに、百姓たちは暮らしていた。それに大切に育てれば、ウマはいろいろな利益をもたらしてくれる。

そもそも武士は、戦うことを本業としている。騎馬隊を担う上級武士は、軍事上どうしてもウマを飼っておかなければならないので、百姓から優良馬を買いあげていた。それとは別に、百姓は育てたウマを馬市で売却もしていた。ウマが収入源になったわけである。

さらに『耕稼春秋』によれば、百姓がウマを飼うのには、より重要な農業上の理由があった。肥やしとして、ヒトの屎尿《しにょう》が耕地に多く入れられていた。ただ、それだけでは不足してしまう。

そこで、慢性的な肥料不足を補っていたのが、ウマの糞尿だった。

■ウマを飼うコスト

表1には、『耕稼春秋』のなかで具体例としてあげられている試算をもとに、百姓の経営モデルを再現してみた。草高《くさだか》とは、加賀藩では石高をさす。石川郡の約五〇〇石の村で、持ち高が五〇石の百姓と仮定されている。

収入の面からみていく。持ち高どおりに五〇石の米が収穫できたとしよう。仮に五公五民《ごこうごみん》という年貢率であれば、そのうちの五〇パーセントにあたる二五石を年貢として納め、残りの二五石が作徳《さくとく》として手元に残った。商品作物としてナタネ（菜種）も栽培しており、これは売って年貢の足しにしている。ムギ（大麦・小麦）は食用となった。

支出の面では、奉公人・子どもや下女へ給金が支払われている。持ち高五〇石の経営は、夫婦だけでは手におえない。草を刈るために子どもを雇い、馬使いの上手な奉公人も雇う。ウマの餌となるダイズ（大豆）も購入しなければならない。金肥の割合も支出のうち四分の一以上を占めるので、出費としては痛い。結果として、収支残高は六石弱の黒字である。とはいえ、ナタネの収入がなければ赤字に陥っていた。

表1　百姓の経営モデル

項　目		数　量	金額（匁）	備　考
草　高		50石		
収　入	作　徳	25石	1,250	五公五民（米1石＝銀50匁）の場合
	菜　種	17・18〜20俵	400	20俵（菜種1石＝銀40匁）の場合
	大麦・小麦	15〜20俵	—	
	縄・俵	70程	—	
	沓・草鞋	1,700〜1,800足	—	
	合　計		1,650	
支　出	男	4人		
	経営主	1人	—	
	奉公人	1人	120	馬使いが上手な者
	奉公人	1人	95	
	子ども	1人	40	草刈り用
	女	2人		
	妻	1人	—	
	下　女	1人	45	
	ウ　マ	1頭	170	
	馬大豆	3.6石	162	1日＝1升ずつ（大豆1石＝銀45匁）
	人　糞	300駄程	262	人糞1駄＝米1.5〜2.0升（米1石＝銀50匁）
	金　肥		360	値段は年によって変動
	諸入用		90	夫銀（春・秋）・用水入用など
	農具・馬具		25	修理代も含む
	合　計		1,369	
収支残高		5.62石	281	米1石＝銀50匁

出典：『日本農書全集　第4巻』（農山漁村文化協会、1980年）により作成。

では、この経営モデルから、ウマに関連するコストを算出してみよう。支出のなかには、馬使いの上手な奉公人、ウマ一頭、馬大豆、農具・馬具があり、合計は四七七匁となる。支出の総額は一、三六九匁なので、ウマを飼うコストは、農具代もふくめると支出全体の約三五パーセントにも達する。冒頭の陰口は、この表から検証された。

■能登半島の北端にて

江戸中期以降、村社会は商品経済の渦のなかにまきこまれてしまう。これをきっかけに本百姓が解体し、富農と小農に分かれていく。こうして小農の数が圧倒的に増えて、土地を手放して水呑となり、小作をするなどして、いのちをつなぐ者もいた（前掲『幕末農村構造の展開』）。

この農民層分解は、ウマとヒトとの関係に、どのような影響をあたえたのか。加賀藩領の一部、能登半島の実態をとらえてみよう（拙稿「宝暦期の凶作と能登奥郡」）。

日本海に突き出した能登半島の北端には、加賀藩領の村が点在していた。そのなかの宇出津組《うしつ》の二二か村は、江戸中期の宝暦七年（一七五七）に大凶作に陥り、藩に年貢米を滞納した。このような失態を犯したのは、宇出津組だけである。

事態をおもくみた藩は、翌年に特命をおびた役人たちを現地に派遣した。彼らは村ごとに年貢

表2　滞納していた年貢米の皆済方法

		諸稼ぎ	家畜	奉公	工面	山	家産
5石以上（人）		14	82	12	3	24	59
	割合（%）	8.3	48.8	7.1	1.8	14.3	35.1
5石未満（人）		41	4	23	13	24	38
	割合（%）	30.4	3.0	17.0	9.6	17.8	28.1
合計（人）		55	86	35	16	48	97
	割合（%）	18.2	28.4	11.6	5.3	15.8	32.0

出典：「覚書（押紙）「能州」」（富山大学附属図書館所蔵川合文書 No. 蘭062500）により作成。
註：回答者は合計303人（複数回答）。

高・人口・年貢滞納者数などをまとめていく。さらに村民一人ひとりの納税高・年貢米の未納高なども、くまなく調べあげた。そこまでして百姓に厳しく迫ったうえで、年貢を皆済させたのである。

表2には、年貢滞納者の五割強にあたる三〇三人が、どのような方法で滞納していた年貢米を皆済しようとしたのかを示した。

もっとも割合が大きいのは「家産」であり、三割強にもおよぶ。仏像、建具、あるいは家そのものを売り払うことさえあった。それに準じるのが「家畜」で、三割弱の者は、おもにウマを手放さざるをえなかった。縄を編むなどの「諸稼ぎ」、柴や山などを売る「山」、家族の誰かを働きに出す「奉公」が、それらに続く。「工面」とは、村役人などから米を入手するなどの方法をさす。

■農民層分解の果てに

納税高五石以上とそれ未満にわけて、ふたたび表2を見てみたい。両者を比べると、五石以上は「家畜」「家産」の方の数が多く、逆に五石未満は「諸稼ぎ」「奉公」「工面」の方の数が多い。年貢米を皆済するにあたり、資産のある五石以上はウマなどを売ることができた。けれども、その余裕がない五石未満は、みずからの労働力や人脈などに頼らざるをえなかった。このような経済格差も見てとれよう。

つまり、宇出津組では納税高五石が富農と小農の分水嶺なのであった。富農は主として厩肥を田畠に投入し、鍬を使って、あるいはウマとともに犂を用いて耕した。他方で、小農には、持高一石にも満たない貧農もふくまれている。彼らは、基本的に鍬で耕して人糞を肥料とするなど、みずからの力で田畠を守り抜くしかなかった。

百姓の農業経営が不振に陥ったときには、既述のごとくウマを売却していた。これでは、農業経営にとって大切な厩肥を手に入れられなくなる。それどころか、ウマという資産も失うし、それを買いなおせる見込みもうすい。はたして、どうすれば元の経営に戻れるというのか。

すなわち、ウマの視点からみると、江戸中期以降は、ウマを飼えるヒトと、それができないヒトとに両極分解していたことになる。

2　ウシ

物作のよき《（良）》とあしき《（悪）》はつなぎおく　牛一疋の強弱にあり

（『日本農書全集　第二九巻』）

■ウシの性格

江戸後期において、版数をかさねた農書の一冊に『一粒万倍《いちりゅうまんばい》　穂《ほ》に穂《ほ》』がある。著者は、備《びっ》中《ちゅう》国小田《おだ》郡大江《おおえ》村（現岡山県井原市）の富農で、村役人も務めた川合忠蔵《かわいちゅうぞう》である。初めて刊行されたのは天明六年（一七八六）のことであり、この地の風土に適した農業技術を広めることにねらいがあった。

冒頭の一首には、ウシ（牛）と農業との関わりについて詠まれている。「すべての作物の良し悪しは、飼っているウシ一頭の強弱によって決まる」という意味である。ほかにも、「百姓の先陣はウシであり、ひとたび深く耕せば、その利益は数十年におよぶ」と、ウシの評価は高い。

ウシは、偶蹄目《ぐうていもく》ウシ科に属す草食性の動物である。現在では、主として食肉用として、あるいは牛乳や乳製品のための搾乳用として飼われている。だが、ウシの肉が食べられるようになったのは、明治にはいって西洋化がすすんでからである。それ以前の江戸時代では、ウマ（馬）と同じように、ウシも運送と農耕の面において、ヒト（人）に大きな利益をもたらした。

江戸前・中期に加賀平野で過ごした土屋又三郎は、農書『耕稼春秋』において、ウシとウマの違いを次のように分析していた。他国では、いずれもウシで耕作する。その勤めはウマより劣る。ウシを飼うのは気づかいがいらない。ダイズ（大豆）もいらず、手入れや湯洗いも猶更たやすい、と（『日本農書全集　第四巻』）。

ウシは、のっしのっしと歩く。ウマと比べれば、働きは遅々としていよう。だが、ヒトの視点からみれば、ウマよりウシの方が飼いやすい性格だと思われていた。

■牛馬へのまなざし

Ⅱ―1（ウマ）でみたように、百姓にとってもっとも大切な家畜はウマだった。そうはいっても、史料上では「牛馬」というように、ウシとウマが一対で書かれていることが多い。牛馬は田んぼを耕し、その糞尿が肥やしにもなる。この点でみれば、ヒト（百姓）とウシ・ウマは、両者ともメリットのある相利共生の関係にあった。

加賀藩を例に、百姓の牛馬へのまなざしをみておく。江戸中・後期に砺波平野で生活した宮永正運は、農書『私家農業談』（『日本農書全集　第六巻』）で次のように語る。

わが家は先祖の勤労によって、田んぼをはじめとして、牛馬や器財などまで子孫に譲り伝えている。家業をついで、安心して妻子を養うこともできている。このことに思いをめぐらせて、その深い恩恵を忘れてはならない、と。

宮永家は、持ち高七五〇石ともいわれる富農である。正運自身は当主を務めるだけではなく、村役人の重責もはたした。これほどまで家が繁栄できた要因として、彼は先祖から受け継いだ資産をあげている。その一つが牛馬だった。

正運の長男で、次の当主となった正好は、江戸後期の農書『農業談拾遺雑録』で以下のように注意をうながす。

下男と牛馬の良し悪しは、農作業の得失につながるため、おろそかに考えてはいけない。人びとの顔が異なるように、下男や牛馬それぞれにも、田仕事の手際の良さには違いがある。牛馬の世話も、下男にまかせきりでは、隅々まで手が届かないかもしれない。つねづね朝夕にそのように心づけて、いたわるべきだ、と（『日本農書全集　第六巻』）。史料上では、「牛馬」とひとくくりにされている。だが、百姓自身は、ウシ・ウマ一頭ずつの個性を貴んでいた。

■宮永正運の提案

江戸中期以降、百姓のあいだで富農と小農の両極に分かれる農民層分解がすすんでいく。富農の農業経営が不振に陥ったときに、家畜を売却して収入を得ていたことは、Ⅱ―1

表　加賀藩領の家畜の増減率

国名	郡名	家畜	宝暦5年（1755）	明治4年（1871）	増減率（%）
加賀	河北	ウマ	2,529	1,413	55.9
		ウシ	9	21	233.3
	石川	ウマ	2,091	866	41.4
		ウシ	539	599	111.1
	能美	ウマ	1,923	792	41.2
		ウシ	37	286	773.0
越中	新川	ウマ	6,064	862	14.2
		ウシ	941	524	55.7
	射水	ウマ	2,812	808	28.7
		ウシ	11	26	236.4
	砺波	ウマ	6,367	1,851	29.1
		ウシ	384	301	78.4
能登	口	ウマ	6,026	4,578	76.0
		ウシ	349	245	70.2
	奥	ウマ	9,550	6,326	66.2
		ウシ	2,385	3,414	143.1

出典：金沢市立玉川図書館近世史料館編『温故集録　2』（金沢市立玉川図書館近世史料館、2005年）・金沢市史編さん委員会編『金沢市史　資料編9』（金沢市、2002年）により作成。
註1：ウマ・ウシの単位は疋。
　2：増減率（%）＝明治4年（1871）／宝暦5年（1755）＊100。

（ウマ）でふれたとおりである。

表には、加賀藩領の家畜の増減率が示されている。藩内では、ウシよりもウマの方がとびぬけて飼われていた。そのうちウマに注目してみると、宝暦五年（一七五五）から明治四年（一八七一）にいたる約一二〇年間で、能登国では七割前後に減っている。加賀国ではだいたい半分に、越中国では三割未満までウマの数が激減していた。

他方で、ウシの場合は、数が少ないとはいえ増加している地域もある。数例あげれば、加賀国河北郡では二倍強、能美《のみ》郡では八倍弱、能登国奥郡（珠洲《すず》郡・鳳至《ふげし》郡）では約一・四倍で一〇〇〇頭以上も増えていた。なぜこれらの地域で増加したのかは詳らかではない。もしかしたら、ウシの飼いやすい性格が功を奏した結果なのかもしれない。

とにかく、この表からは、農民層分解がすすんで富農が家畜を手放し、それによって藩全域で厩肥不足という難問をかかえていた様相が浮かびあがってくる。この難局を少しでもクリアするために、『私家農業談』をとおして、正運は次のような改善策を示した。

農家が第一に持つべきものは牛馬だ。昔と比べると、近年の当国の百姓は飼育数を減らしているので、牛馬で運んで用意をしていた草屎《くさごえ》・土糞《つちごえ》の量もおのずと減っている。かくして、干鰯・油粕・灰などの金肥を買うことに経費を多くかけている。豊作の年であったとしても、米穀を売って代金を支払わなければならない。ついには、年貢が不足する原因にもなっている、と。「草屎・土糞」とは、草や土を腐熟させた自給肥料をさす。牛馬の数が減少したため、村々では自給肥料を運べない。それどころか、厩肥を得ることもできなくなり、肥やしを購入することで対処するしかない（高澤裕一『加賀藩の社会と政治』）。こうして百姓が金肥を買う分だけ貯えが細っていくのは、必然のなりゆきであった。

■全国的な分布

江戸時代においては、比較的にウマは東日本で多く飼われていた。中世武士団が騎馬を重視したこともある。しかし、農作業の面でみれば、もっと別の理由があった。

ウマの厩肥は、発酵温度がウシより六度も高い。だから、肥料としては、寒冷地の低温の土への効果が高かったとみられている。東日本では稲作の期間も短いので、運輸手段としても利用されていた（市川健夫『日本の馬と牛』）。

一方、ウシの場合は、全国的にみれば西日本で多く飼われていた。これに関連するのが乾田である。湿田《しつでん》を乾田にすると、イネ（稲）に土からの栄養分がよく供給されるようになるため、急速に米の収量が増える。その半面、乾田にすると土が堅くなるので、家畜の力を用いなければ深く耕せない（岡光夫『日本農業技術史』）。

冒頭の一首には、このようなウシの全国的な分布も反映されていた。それに西日本は、東日本より暖かいため、乾田化もしやすい。さらに、以下のような農村と都市との結びつきの問題もからんでいた（有元正雄『近世被差別民史の東と西』）。

明治三年（一八七〇）における新政府の職業人口調査によれば、人口一〇〇〇人における被差別民の比率は、東日本は八・四なのに対して、西日本は二四・六であった。被差別民は西日本に多く、その数は東日本と比べて約三倍にもおよんだ。そのうち大きな割合を占めたのが、息が絶えた牛馬の処理にあたる「えた」であった。

ウシの皮は良質で加工しやすいのに対して、ウマの皮は頑丈さや防水力などの点で劣る。ウマよりウシの方が皮革の商品価値は高い。つまり、乾田化で多くのウシが飼育されるようになった西日本では、えたが増えていった。とくに江戸中期の元禄期（一六八八～一七〇四）以降には皮革技術が発展し、庶民のあいだで「雪駄《せった》」とよばれる履物が広まると、その材料となる皮の需要が高まった。

このようにみてくれば、牛馬という視点からみた江戸時代のヒトは、主として東日本にウマを、西日本にウシをすみ分けさせたと評すことができる。

■牛疫の流行

ウシとヒトとの歴史を考えるうえでの重要なテーマとして、牛疫の問題にもふれておきたい（山内一也『史上最大の伝染病　牛疫』）。

牛疫とは、ウシの伝染病をあらわす。病原体は牛疫ウイルスで、ウシへの伝染力が強い。発病すると七〇パーセント以上が死亡するほど、きわめて強い毒性をもつ。けれども、ヒトは感染しない。歴史上、ウシが移動していくにともない、牛疫は世界各地に広がって猛威をふるった。こと日本については、次のような歴史が明らかになっている（岸浩「近世日本の牛疫流行史に関する研究（上）（下）」）。

江戸前期の寛永《かんえい》一五年（一六三八）の夏に、初めて牛疫が蔓延した。長門国《ながと》（現山口県）から始まり、そこから西日本へ広まっていく。それから約三〇年後の寛文《かんぶん》一二年（一六七二）の夏にも、同じように大流行した。伊予国では翌年の秋まで一万四三五頭が死亡したため、その残虐さは前代未聞と嘆くほどだった。ウイルスは、朝鮮半島から入り込んだとみられている。

結局、牛疫は今からほんの一〇年ほど前の二〇一一年に根絶された。このようなウイルスとヒトとの関係は、歴史的にどのように展開したのか。これを解明しておくことが、今日的な課題として残されていることは言を俟たない。

なお、ここでは被差別民をとりあげた。これは史実を正確に認識するためであり、差別を決して容認するものではない。

3　イヌ

犬は飼うべからず、無用のものなり

（『日本農書全集　第二四巻』）

■イヌの進化

信濃《しなの》国佐久《さく》郡片倉《かたくら》村（現長野県佐久市）の富農依田惣蔵《よだそうぞう》は、江戸中期の宝暦一〇年（一七六〇）に農書『家訓全書《かくんぜんしょ》』を編んだ。みずからの農業体験を子孫に伝えるためである。

たとえば、百姓が品行を正しくするには、おごり高ぶらない者を手本にしなければならない。家畜を飼うことについては、ニワトリ（鶏）・ネコ（猫）にも心得があるし、ことに鳥はもってのほかである。とりわけ、冒頭のように「イヌ（犬）は役にたたないので飼ってはならない」と手厳しい。

イヌは食肉目イヌ科に属し、肉を食べるように進化してきた。同じイヌ属のオオカミ（狼）は、イヌの祖先とみられている。オオカミが野生なのに対して、イヌはヒト（人）の家畜となった動物というわけだ。日本列島では、すでに縄文時代において、イヌはヒトの良き狩猟パートナーになっていた（猪熊壽『イヌの動物学』）。

このように、イヌはヒトによって飼育されてきた長い歴史をもつ。けれども、在来の日本犬の数が減少したため、その多くが昭和初期には天然記念物に指定された。秋田犬や柴犬が、その例としてはあげられよう。

なぜ在来の日本犬が減ったのかといえば、明治以降になると、洋犬の血が混ざったからである。ただ、イヌの遺骸を調べた結果によれば、すでに江戸時代の段階で、それ以前の時代と比べて著しく大型化していた。洋犬が混じったことに起因しているという（志村真幸『日本犬の誕生』）。

■生類憐みの時代

江戸時代のイヌといえば、いわゆる生類憐《しょうるいあわれ》みの令を思い浮かべるのではなかろうか。五代将軍となった徳川綱吉《とくがわつなよし》は、あいにく幼い息子を亡くした。そこで戌《いぬ》年に生まれた綱吉は、ある僧の進言をうけて、イヌを大切にすべきことを厳命する。こうして、それまでの野良犬は

「御犬様」となり、広大なイヌ小屋も建設された。イヌに怪我を負わせるなどしたならば処罰されてしまう。だから、庶民はイヌをおそれた。このような厳しい規制は、綱吉が死去するまで二〇年以上も続いた。

世間で流布している生類憐みの令のイメージといえば、このような具合になろうか。しかし、今では、次のような意外な事実がわかっている（塚本学『生類をめぐる政治』）。

じつは、生類憐みによって大切にされたのはイヌだけではない。ヒトもふくめた、生き物すべてを愛護することが命じられたからだ。よって、ふつうに考えられるほど、イヌは中心的な課題ではなかった。イヌへの対策も、その時代の社会のニーズに応じたものであり、政権として考えられる選択肢のひとつとして、いわば合理的な側面をもっていた。

江戸前期に刊行された料理本『料理《りょうり》物語《ものがたり》』には、イヌの調理法がしっかりと記されている。吸い物にしたり、ホタテガイ（帆立貝）のような貝殻の上で肉を焼いたりして食べられていた。それなのに、生類憐み以降は、イヌを食べる風習がしだいに消えていく。現在からふりかえれば、生類憐みがあたえたインパクトの大きさがわかるだろう。

それだけかと思いきや、イヌを愛護したのには、もっと根深い問題があった。イヌとヒトとのあいだに、トラブルが生じていたのである。最悪のケースとしては、捨てられた幼子がイヌの餌食になっていた。

つまり、イヌが小屋に収容されることによって、ヒトはイヌからの被害を避けることができたのだ。とはいえ、このような政権側の意図とは裏腹に、ヒトの多くは、イヌへの敵対感を助長させることになる。

■都市江戸の風説

生類憐みのもとで、都市江戸におけるイヌとヒトとのありようを知る手がかりがある。江戸前期の歌人、戸田茂睡《とだもすい》が著した『御当代記《ごとうだいき》』である。以下、この見聞録から、イヌをめぐる実状をとらえていく（戸田茂睡『御当代記』）。ただし、エピソードとしてうけとめてほしい。

綱吉の世になり、イヌがいたわられるようになった。「犬目付」いう役人が江戸市中だけではなく、その果てまで見回っている。イヌを打ったり、悪い仕業をしたりする者を処罰するためである。すると、ヒトがイヌを怖じ恐れ、イヌの方が貴人や高位のようだ。近頃はイヌが病気にかかったならば、乗り物に乗せて医師へ連れて行く者がおびただしい、と。

この逸話は、よく知られていよう。イヌが奉じられる一方で、次のようにイヌへの反感をもつヒトたちもいた。

イヌというのは、食事が余っていれば、それを与えて養うものである。飼い主のいない飢えたイヌに一度でも食事を与えたならば、そのイヌは喜んで家から離れようとしない。イヌが家主のようで迷惑である。だから、イヌは食事を与えられずに飢えてしまって、ヒトに食らいつき、捨て子を食い殺すことが多い、と。イヌの不幸はさらに続く。

つがいのイヌが、春と秋に四匹の子を産んだとする。その子たちが、それぞれ四匹の子を産んでいけば、翌年の秋には一五二匹に増えてしまう。これでは先々で途方にくれる。結局、煩わしいため、他人に知られないように、生まれた子を庭にこっそり埋め置く者がいるという。

茂睡は、次のように締めくくった。イヌをめぐって、いろいろなヒトが迷惑をし、困窮もしている。そのうえ、イヌへの慈悲が、かえって無慈悲になっている。これは悪い仕置きだ、と。

■厄介者

本書の舞台となっている加賀藩において、江戸中期以降の百姓とイヌとの関係についてもとらえてみたい。まずは、江戸前・中期に加賀平野で暮らした土屋又三郎の農書『耕稼春秋』に注目する。

雪どけあとの二月には、ナス（茄子）を栽培するために土を耕す。図は、ナスの種がまかれてい

図　「耕稼春秋」よりナスの種まきの場面
（西尾市岩瀬文庫所蔵）

る場面である。手前には人家があり、その近くでイヌ一匹が居座っている。左下の子ども一人が、棒を持ってイヌに近寄っている。野良犬を追い払おうとしているのかもしれない。

五月の田んぼでは、イネとイネとの間を少し耕す「中打ち」をする。畠では、育っているウリ（瓜）のために、小さいタケ（竹）か木で囲う。イヌやキツネ（狐）に荒らされないようにするためである。仮小屋を建てて、夜に番もしていた（『日本農書全集　第四巻』）。

能登国羽咋《はくい》郡町居《まちい》村（現石川県志賀町）の富農村松標左衛門《むらまつひょうざえもん》は、江戸後期に農書『村松家訓《むらまつかくん》』を遺した。家業と子孫の繁栄を願うためである。執筆は、寛政一一年（一七九九）頃から始まり、没するまで四〇年以上にもおよんだ。

同書では、次のように書きあらわされている。釜から櫃《ひつ》に飯を移すときには、こぼさないようにすること。もし落としたならば、急いで拾って食べなさい。むやみにこぼして、さらい集めて、ニワトリやイヌなどに少しも食べさせてはならない。じつに、もったいないことだ、と（『日本農書全集　第二七巻』）。イヌが厄介者として扱われていることが伝わってこよう。

ほかの地域もみてみると、元禄一六年（一七〇三）に関東地方を襲った大津波では、浜辺に打ち上げられたヒトの遺体をイヌが喰いちぎっていた（「高崎浦地震津波記録」『日本農書全集　第六六巻』）。

享保《きょうほう》一七年（一七三二）の春、武蔵《むさし》国川越《かわごえ》藩領（現埼玉県）では、病犬が多いことが問題視されていた（「大水記」『日本農書全集　第六七巻』）。狂犬病の不安があったことは想像にかたくない。

■イヌの浮世

一方、ヒトはイヌを憐れんでもいた。江戸中・後期に砺波平野で過ごした宮永正運は、農書『私家農業談』（『日本農書全集　第六巻』）で、以下のたとえ話をしている。

田んぼでイネを育てるためには、中打ちも念入りにしなさい。だが、「中打ちを八回もすれば、イヌが餓死する」という古老の諺《ことわざ》もある。イネから落ちた、殻ばかりで実のない籾などが、イヌの食べ物になっている。それがなければ、イヌは餓死しかねない、と。

正運の子、正好が著した『農業談拾遺雑録』（『日本農書全集　第六巻』）には、次のような記述がみられる。『論語』では、「犬馬にいたるまで、みんながよく養うこと」と説かれている。イヌやウマ（馬）も、一日一日と家のために力をつくす。かえって家主のことを養っていることもある、と。はたして、イヌは百姓の番犬になっていたのである。

別の地域の例も、いくつかあげてみよう。イヌは火事や泥棒の用心をし（「清良記」『日本農書全集　第一〇巻』）、サル（猿）を追い払ってもいた（「五瑞編」『日本農書全集　第四五巻』）。イヌやネコなどがこっそり食べられていたという、肝をつぶす話もある（「粒々辛苦録」『日本農書全集　第二五巻』）。大凶作のときに、ヒトの非常食にされていたとみてよい。

よって、イヌの視点からみた江戸時代のヒトは、イヌが番をするのであれば、ヒトが主《あるじ》になった。そうでなければ、徘徊するイヌにとって、ヒトは近からず、遠からずの所で、日々の生活を営んでいたといえようか。

とはいえ、江戸中期には、綱吉が権力をふるうことによって、ヒトのあいだで一時的に、異常にイヌの地位が高まった。これは人類の歴史上、まさに稀有な例といえよう。けれども、それ以降にはもとの関係にもどり、食糧危機に見舞われないかぎり、イヌはヒトに食われる心配はなくなった。

4　淡水魚

> 水辺に空地ある所は、大なる池をこしらえ《拵》水を堪え、鯉・鮒、其外泥鰌・鰻・鱺《鯰》を蓄うべし、是又大なる利あり…是水畜の利という
>
> （『日本農書全集　第三巻』）

■田んぼの魚

水辺に空き地がある所には、大きな池を造って水を満たし、コイ（鯉）・フナ（鮒）、そのほかにもドジョウ（泥鰌）・ウナギ（鰻）・ナマズ（鯰）を養いなさい。そうすれば大きな利益がある。これを「水畜の利」とよぶ、と。江戸後期の農書『開荒須知』では、ため池の活用法がこのように説かれている。

ため池には、田んぼに送る水をためておく。そればかりか、養魚場の役割もはたしていたので

ある。水門が開けられれば、ため池の水がいっきに流れ出す。そこで育っている魚たちも、水の流れに乗り、田んぼへ向かってグングンと泳いでいく。

田んぼの淡水魚といえば、代表的なのは冒頭で示された魚たちであろう。ドジョウは田んぼで育つし、ナマズもここで産卵する。だが、気をつけておきたいのは、江戸時代の百姓たちが淡水魚を獲っていたのかどうか、である。

表には、石川郡における淡水魚などの捕獲期間と口銭《こうせん》を示した。口銭とは、いわゆる商業税をさす。百姓たちが、年間をつうじてドジョウやナマズなどを獲っていたことがわかる。しかも、これらの魚は売却されてもいた。

表　淡水魚などの捕獲期間と口銭

生き物	捕獲期間	寛文３年（1663）の口銭
ナマズ	年中	６歩
ウナギ	年中（海ウナギ）	６歩
ドジョウ	年中	無口銭
コ　イ	年中（春土用に多い）	６歩
フ　ナ	年中	８歩
タニシ	２～３月	―
川カニ	年中	―
川エビ	年中	無口銭

出典：「郡方産物帳」２（金沢市立玉川図書館近世史料館所蔵加越能文庫 No. 16. 70-8）・「魚問屋定書幷仕法方曁料理商売人定書等」（前掲加越能文庫 No. 16. 77-24）により筆者作成。

商人と魚問屋が取り引きするときに、フナならば八歩、ナマズ・ウナギ・コイならば六歩の口銭を支払う決まりがあった。口銭が八歩ならば、売却額に八パーセントを上積みして払い込まなければならない。ただし、ドジョウについては口銭を納める必要がなかった。百姓が獲った淡水魚も、商人に売却すれば現金収入を得ることができたのである。

■コイ・フナ

コイもフナも、コイ科の淡水魚である。江戸中・後期に砺波平野で暮らした宮永正運は、農書『私家農業談』を著した。同書には、次のような魚の格付けが記されている。

コイやフナは「名魚」ではある。だが、料理の仕方が悪いとイワシ（鰯）の味にも劣る。また、サバ（鯖）・イワシは下級の魚とはいっても、塩や醤《ひしお》で良い味付けをして調理すれば、うまい料理になるのと同じである、と（『日本農書全集　第六巻』）。海水魚のサバやイワシよりも、淡水魚のコイとフナの方が高く評価されていた。

江戸前期の万治《まんじ》三年（一六六〇）、幕府から加賀藩の監察をするために、国目付《くにめつけ》が派遣された。おもな任務は藩政の良否を幕府に報告することであったため、訪問される藩は神経をとがらせた。そこで加賀藩は、国目付が領内に入ると、ある料理でもてなすことにした。正運が「名魚」と称えたコイとフナである。以下には、そのときの対応を示す。（『改作所旧記　上編』）。

三月中旬に国目付が加賀藩領に入り、越中国石動《いするぎ》（現富山県小矢部市）にたどり着く。彼らを迎え入れるために用意されていたのは、子持ちのコイ一〇匹と子持ちの大きなフナ二〇匹だった。宿泊先にも、コイ八匹とフナ五〇匹の手回しがされていた。これらは加賀国津幡《つばた》（現石川県津幡町）で入手させている。

国目付はそれから領内を巡見し、八月には能登半島へ向かう。その途中の津幡と高松《たかまつ》（現石川県かほく市）でも、コイとフナの手筈がととのえられていた。さらに、潟で獲ったならば生《い》け簀《す》に入れて置くようにと、村々には細かい指示もとばされていた。

津端や高松の辺りに広がる加賀平野には、河北潟などの湖沼が点々としている。そこで獲られた活け魚を馳走することで、加賀藩は国目付の歓心をかおうとしたのかもしれない。

■ウナギ

ウナギ科のウナギは、海で生まれて、幼魚のときに川をさかのぼって育つ。隠れ家として、横穴を好む魚でもある。田んぼとそのまわりで、横穴の空間を探してみよう。

二月に雪が解けると、早くも田植えの準備が始まる。図１に描かれているのは、養分を含んだ川の土が田んぼに上げられている場面である。そうすることは、土壌の改良にむすびつく。かじかんでいた百姓の手も、体力勝負のこの作業で温まっていたのではなかろうか。

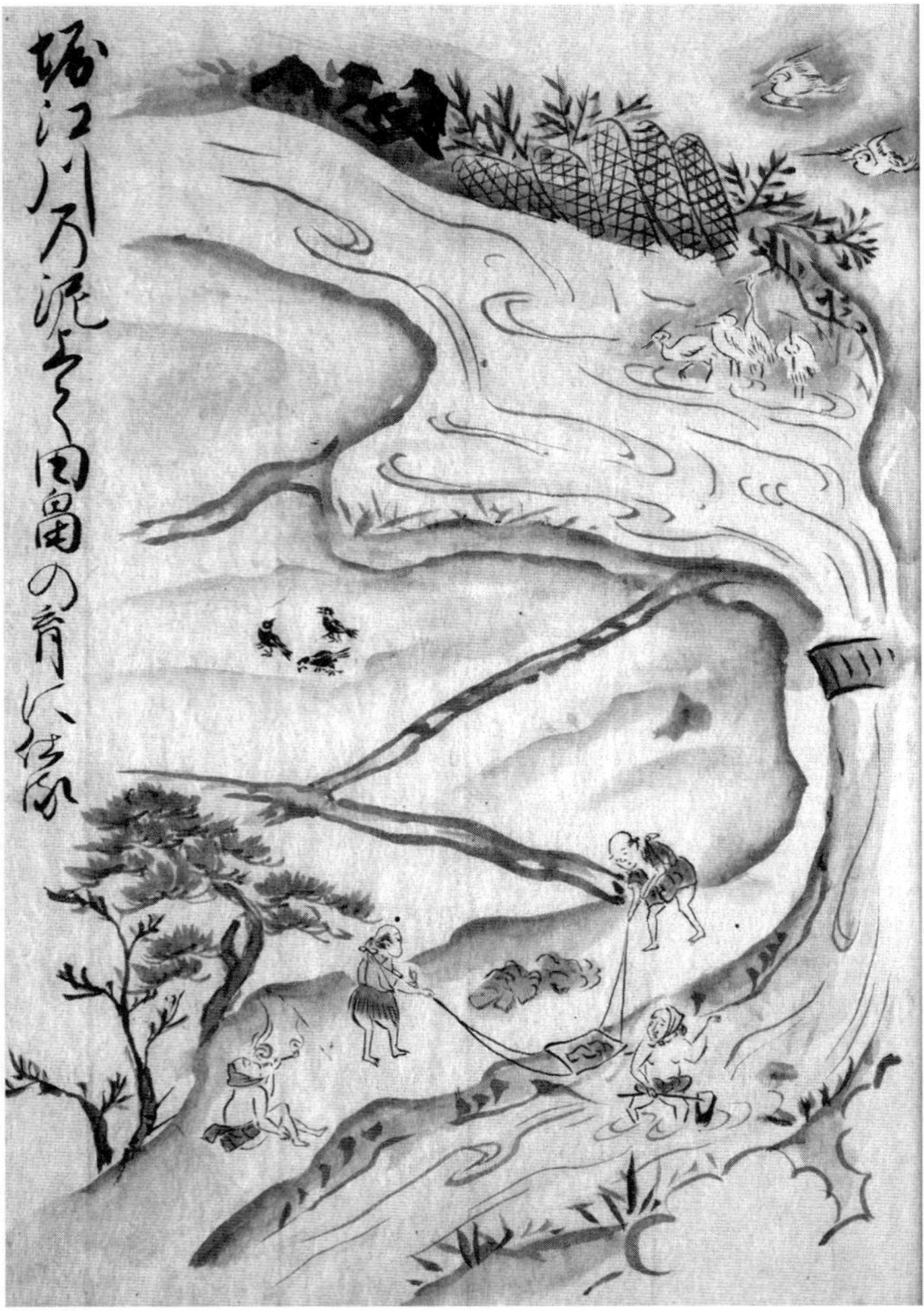

図1　「耕稼春秋」より川の土を田んぼに上げる百姓
（西尾市岩瀬文庫所蔵）

ここに、どのような生き物がいるのだろう。田んぼの中にはカラス（烏）が見える。曲がりくねる小川（用水路）に視線をうつしてみよう。上の方には、木などで編んだ籠のなかに石が詰められた蛇籠《じゃかご》が並べられている。これは、川の流れを緩やかにし、土手を守るために置かれていた。その蛇籠のそばには、サギ（鷺）が群がっている。

蛇籠の中には石が積まれており、石と石との隙間は横穴にもなる。例をあげれば、ウナギやカニ（蟹）が、その穴にひっそりと姿を隠す。それらをねらって、サギが川に飛んで来ているのだ。ウナギやカニは、蛇籠から川を通り抜け、田んぼにも一時的にすみつく。むろん、表に示されていたように、これらはヒト（人）によって捕食されてもいた。

■ドジョウ

ドジョウ科のドジョウは、田んぼのような泥の中に潜り込んで過ごす。これについては、山陰地方の例をあげておく。幕末に因幡国《いなば》（現鳥取県）で、農書『自家業事日記《じかぎょうじにっき》』が著された。同書には、家の繁栄を願って、次のような家訓が記されている。

稲刈りが終わったら、それを祝う「鎌祝い」をする。使った鎌も残らずそろえて、神前と同じように食べ物を供えるように。そして家内一同で、泥鰌汁と米の飯、濁り酒の食事をしなさい、と（『日本農書全集　第二九巻』）。

秋の稲刈りは、四季をつうじて、もっとも苛酷な農作業のひとつである。日夜、骨身をけずった百姓たちは、疲れきっていたにちがいない。このときに食されたドジョウは、どれだけ滋養が豊かで、体力回復に役立ったことだろう。百姓たちは、生きていくためにも田んぼの魚を獲り、食べていたのである。

■淡水魚にとっての田んぼ

江戸時代には、大規模な田んぼが出現した。これは、その面積の分だけ、淡水魚の生息地が広がったことを意味する。さらに、田んぼに作付けされているイネ（稲）からも、淡水魚の暮らしをとらえてみたい。

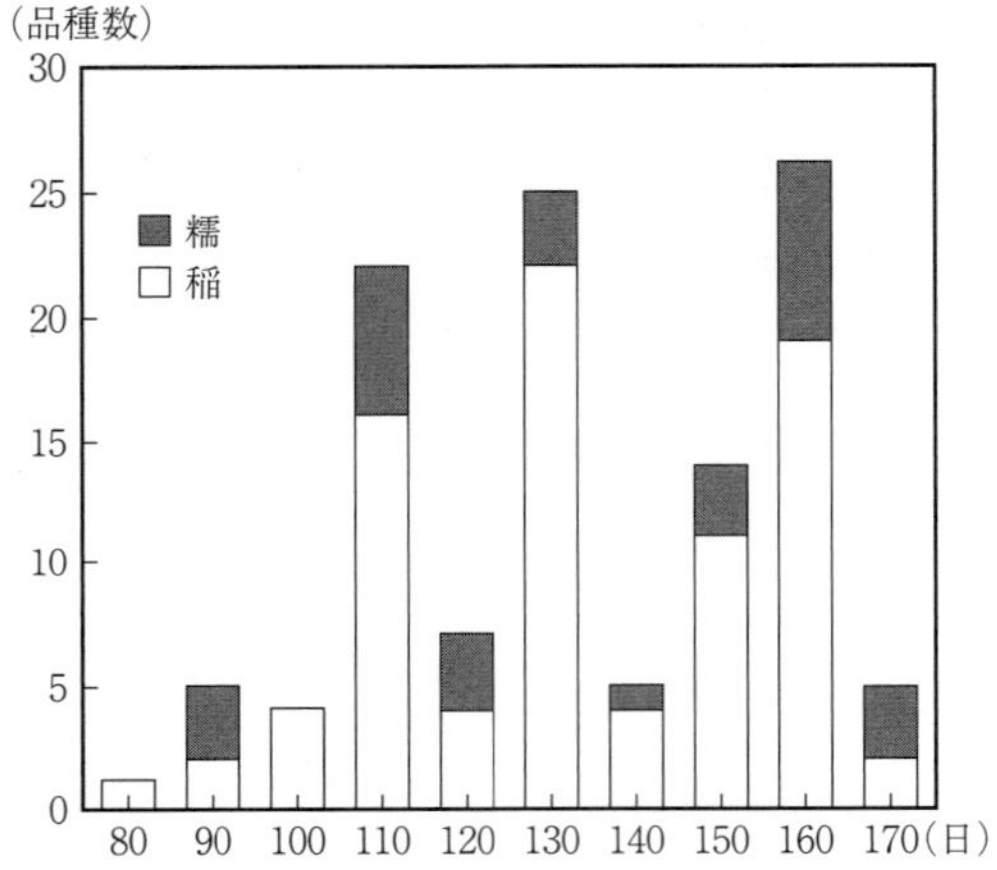

図2　イネの収穫期間
出典：前掲「郡方産物帳」2により作成。

図2には、石川郡におけるイネの収穫期間を示した。田植えから一一〇日、一三〇日、一六〇

日を経て、多くの品種が刈り取られていることがわかる。全体でみると、二か月半から半年近くかけて、しだいに稲刈りがすすめられていたことになる。

このように、イネの収穫期は長短さまざまであった。ということは、淡水魚にとってみれば、最大で約半年は田んぼで過ごせたことになる。そればかりか、一年中そのまま水が入れられている湿田もあった。加賀平野の田んぼは、魚にとって居心地の良い水辺であったといえよう。

このように、淡水魚はため池で成長していた。川や用水路は魚群が通るだけではなく、生活の場にもなっていた。広々とした田んぼは、いろいろな魚のすみかにもなる。そこで育った魚の一部はサギについばまれ、ヒトに獲られて食されてもいた。淡水魚の視点からみれば、江戸時代のヒトは、田んぼで稲作をすることによって、副次的に淡水魚が暮らせる水辺も造ったと評すことができる。

一変して、現在ではどうかといえば、ウナギについては漁獲量が激減し、絶滅までもが危ぶまれている。減少の一因として、コンクリートなどによる人工護岸化が指摘されている（井田徹治『ウナギ』）。川がコンクリートなどで頑丈に固められれば、ウナギやカニがじっと隠れる隙間もない。用水路には、U字溝が据え付けられていることが多い。これでは、ドジョウが潜れるような泥は流れ去っていく。

結局、淡水魚の視点からみると、現在の田んぼとそのまわりは、魚たちがすみにくい水辺へと化したといえる。これは、魚をついばみ、水辺に群がる鳥たちにとっても同じであった。

5　鳥

> 諸鳥取り、鴻の鳥引いて食する故に失するなり
>
> （『日本農書全集　第四巻』）

■鳥への感情

江戸前・中期に加賀平野で暮らした土屋又三郎は、農書『耕稼春秋』（『日本農書全集　第四巻』）を著した。同書によれば、田植えをしても苗が消えることがあるという。苗が腐り、土に埋もれるだけではない。冒頭のように、「諸種の鳥が取り、コウノトリ（鸛）が引き抜いて食べてしまうので消えてしまう」と、彼は分析していた。

鳥に対する同じような意見は、江戸中・後期に砺波平野で過ごした宮永正運ももつ。彼の農書『私家農業談』（『日本農書全集　第六巻』）には、田植え後にはいろいろな鳥が踏み込む、と記され

ている。それを危ぶみ、田んぼを囲む畦に、ススキ（薄）やアサ（麻）の茎などを二尺（一尺＝約三〇センチメートル）くらいの間隔で立てて置くように、という防御策も示されていた。

江戸時代の百姓が汗水を流して稲作を営む、そのまわりには、さまざまな鳥が羽ばたいていた。その鳥について、百姓はどのような感情をいだいていたのか。江戸中期の元文三年（一七三八）に、加賀藩は領内の産物を調べあげた。その報告書『郡方産物帳』（前掲「郡方産物帳」）によれば、加賀平野の広がる加賀国石川郡には、ガン（雁）、カモ（鴨）からニワトリ（鶏）にいたるまで、八七種の鳥が登録されている。

これほどの種類がいるのに、農書では単に「鳥」、あるいは「諸鳥」とひとくくりにして扱われていることが多い。それにとどまらず、これらの言葉には、イネ（稲）を踏みつけ、作物の種をついばむなど、いわゆる害鳥のニュアンスもふくまれていた。

■ツバメ・スズメ

田んぼの四季のうち、鳥たちがさえずるのは、まずは春先の苗代である。『耕稼春秋』によれば、鳥や獣を防ぐため、苗代におどしを立てて置くべきだという。

おどしとは、案山子をさす。場所によっては、葉のついたタケ（竹）や雑木を隙間なく立てて並べる。また、七、八尺のタケを立てて、それに麻糸を四方八方に張りめぐらせる。鳴子《なるこ》を付けてガラガラと音をだしたり、縄に黒い物などを付けて威嚇したりすることもあった。

さらに同書では、次のような鳥の用心が呼びかけられていた。苗代では水の管理がもっとも大切である。毎日、朝と夕の二回も水の調節をしなければならない。水がなければ、種籾が鳥に食われてしまう、と。

苗代には、どのような鳥が舞い降りてくるのか。『私家農業談』によれば、苗代のほとりに小屋を建てて、そこに子ども入れて鳥を追わせなさい。苗が針の長さほどに育った頃には、とくにツバメ（燕）やスズメ（雀）が飛んで来て、巣へ苗を運ぶものである、と警戒されていた。

ツバメ科のツバメは、アジア各地で繁殖し、春に日本へ渡って巣作りをする。飛んでいる虫を主食とするため、種を口ばしで突くのはツバメではない。一方、スズメ科（ハタオリドリ科）のスズメは、日本では留鳥で、虫や種などをついばむ。よって、苗代にまかれた種籾をねらって、スズメが群れをなして押し寄せていた。とりわけ、春からは繁殖のスーズンをむかえる。スズメの眼からみれば、苗代は絶好の餌場に映っていたことだろう。

図　「耕稼春秋」より雨天のなか鍬で田んぼに水と土を取り入れる百姓
（西尾市岩瀬文庫所蔵）

■ガン・カモ・サギ

一〇月の田んぼが描かれた図を見ると、百姓たちが蓑と笠を着用している。だから、この場面は雨天で、雨で水位が増したタイミングとみてよい。彼らは冷たい水に足をつけている。吐く息は白く、身震いをしていたのではなかろうか。

田んぼの取水口が開けられている。鍬で水を取り入れ、さらに養分を含んだ土も入れることで肥料としているのだ。田んぼの中は、ぬかるんでいる。そこに、ガン（雁）・カモ（鴨）・サギ（鷺）が寄せ集まっている。

カモ科のガンは、北半球の北部で繁殖して、冬に日本へ渡る。草食性なので、『私家農業談』によれば、春に雪が消えかかる頃に、次のような心くばりがされていた。ムギ（麦）の畠の中には、タケか細い木を立てて、苗代みたいに縄を張って囲みなさい。そうしなければ、ガンが穂をついばむので大損をする、と。

カモはカモ科に属す。そのうち、ガンのような大型をのぞいた、中型、小型の鳥がカモ類としてまとめられている。水鳥で泳ぎが巧みで、田んぼでもスイスイと進む。だから、『私家農業談』によれば、百姓は次のことに目を光らせていた。

田植え後に、まだ育っていない苗をカモが引き抜くことがある。カモが集まる田んぼには、案山子を立てるか、縄を張るとよい。それにも恐れず、毎夜やって来るのであれば、藁《わら》の松明《たいまつ》を灯して、田の中に立てて置く。そうすれば、たいていは寄せつかなくなる、と。

サギ科のサギは、田んぼや川といった水辺で、魚・カエル（蛙）・虫などを口にする。目を凝らすと、図に描かれているサギの一羽が、首を伸ばして何かを突っついている。泥の中にそっと身を潜めるドジョウ（泥鰌）やタニシ（田螺）を探しあてているのだろう。

サギは生物多様性の指標動物といわれ、田んぼはなくてはならない餌場である。用水路がコンクリートなどで整備されてしまえば、魚が自由に行き来できなくなり、おのずとサギの餌も減ってしまう（藤岡正博「サギが警告する田んぼの危機」）。

Ⅱ―4（淡水魚）でみたように、江戸時代には淡水魚にとって居心地の良い水辺が広がった。ゆえに、サギも餌を捕りやすくなったといえよう。さらに、幾筋も用水路が流れていた加賀平野には、無数のサギが群がっていたのではなかろうか。

■コウノトリ

コウノトリ科のコウノトリは、冒頭のように苗を引き抜くとみなされていた。だが、これは又三郎の誤認にすぎない。なぜなら、コウノトリは苗を食べないからだ。コウノトリは、ドジョウやカエルなどをあさって暮らすため、一年をつうじて水が張られた湿田を餌場としている。とはいえ、苗を踏むので、いずれにせよ百姓から嫌われてはいた。

明治にはいって、乱獲などによってコウノトリの数は減り始める。昭和三〇年（一九五五）頃から農薬が大量に使われ始めたことから、ドジョウやカエルなども減少していった。さらに乾田化がすすめられたことなどもあいまって、しだいにコウノトリは姿を消していく。ついには、日本で野生のコウノトリは絶滅した。

現在、兵庫県豊岡市では、ヒト（人）の飼育下でのコウノトリの保護、そして増殖が取り組まれている。具体的には、農薬を削減し、冬期にも田んぼに水を満たしてドジョウやカエルなどを増やしている。そうすることで、コウノトリがすむことのできる水田づくりがすすめられているという（西村いつき「コウノトリを育む農業」）。

■大型の鳥にとっての田んぼ

コウノトリのような大型の鳥にとって、江戸時代の田んぼがはたした役割についても考えてみたい。まず、図のように、江戸時代の加賀平野には湿田があったので、コウノトリは四季をとおして過ごすことができた。

つぎに、コウノトリ一つがいあたりに要する低湿地は五〇〇から一〇〇〇ヘクタール、野外復帰させるためには成鳥一〇〇〇つがいが必要だという。それだけの数を繁殖させるための面積は五〇万から一〇〇万ヘクタールと広大である（守山弘『水田を守るとはどういうことか』）。

江戸前期の正保《しょうほう》三年（一六四六）の石川郡では、田んぼの面積は九七〇〇町（約九七〇〇ヘクタール）あまりだった（金沢市史編さん委員会編『金沢市史　資料編九』）。この面積すべてが湿田ではない。それでも最大に見積もると、石川郡だけで一〇つがいから二〇つがいが暮らしていたことになる。

これを、全国にまで範囲をひろげて考えてみたらどうなるのか。

一六世紀末の耕地面積は、推計で一五〇万町あまりだった。新田開発によって、江戸中期にはそれが約二九七万町まで広がった。そのうち水田が占める割合は五八パーセントで、面積にして約一七二万町（約一七二万ヘクタール）となる（土木学会編『明治以前日本土木史』）。田んぼすべてが湿田とはかぎらない。でも、この面積ならば、コウノトリ一〇〇〇つがいは充分にすみつくことができたことだろう。

新田開発がピークに達した江戸中期になって、ようやく日本列島では、コウノトリなどの大型の鳥が安定して繁殖できるようになったといえる。ただし、そのような状態が保たれていたのは偶然の結果にすぎない。又三郎も、コウノトリを大切に守ろうとする気持ちをもちあわせていない。ましてや、コウノトリのために、その餌となるドジョウやカエルを増やすという意識もみられなかった。

ともあれ、鳥の視点からみれば、江戸時代のヒトは次のようにみなせる。田んぼで稲作を営むがゆえに、百姓は種籾をまき、魚がすめる水辺も広げた。つまり、鳥の餌場をもっとも整えたのは、何よりもヒトだったのだ、と。

その裏で、スズメが追い払われ、ガンやカモなどが警戒されてもいた。鳥と百姓との関係は、親密というより、むしろ疎遠だったといってよい。ここには、ある鳥をめぐる複雑な事情がからむ。その生き物が次の主人公である。

6　タカ

一粒たりとも麁末(粗)ならぬ様に、もし誤って人間食料にならぬ時は、雀の餌に与うべし、雀は餌さし(指)に取られ短命なればと申す諺も承り及ぶ

（『日本農書全集　第六二巻』）

■鷹狩

一粒たりとも米は粗末にしてはいけない。もしもヒト（人）の食料にならないときには、スズメ（雀）に与えなさい。なぜなら、「スズメは餌指《えさし》に獲られて短命である」という諺を聞きおよんでいるからだ、と。

幕末の文久《ぶんきゅう》二年（一八六二）に、往来物《おうらいもの》『米徳糠藁籾用方教訓童子道知辺《こめとくぬかわらもみもちいかたきょうくんどうじみちしるべ》』が書かれた。子どもたちに、イネ（稲）の有用性を教えるためである。同書では、スズメに対して、冒頭のよう

な配慮が示されていた。

餌指のなりわいは、タカ（鷹）の餌にする小鳥を獲らえることである。Ⅱ―5（鳥）でふれたように、百姓たちは苗代を飛び跳ねるスズメに用心をしていた。そのスズメも餌指に獲られ、しまいにはタカの餌食になったのである。

一般的にタカとは、オオタカ（大鷹）・ハイタカ（鷂）など、タカ科に属す鳥のうち、中型、小型種のことをさす。大型種は、ワシ（鷲）とよばれて区別されている。大空を舞うタカは、日本古代より権威・権力の象徴であった。タカが献上されるだけではなく、鷹狩《たかがり》の獲物の鳥までもが、贈答品として天皇や将軍に献上され、あるいは下賜された。

とりわけ武家社会で鷹狩が盛んだった江戸時代では、上級武士がタカを飼っていた。鷹狩で、ツル（鶴）・ハクチョウ（白鳥）といった鳥を獲るためである。これにともない、タカをめぐる贈答儀礼も、いっそう盛んになっていく。これからは、加賀藩に注目しながら、タカとヒトとの関係をとらえていきたい（拙稿「近世日本の鷹狩」）。

加賀藩の鷹場

城下町金沢に接する石川・河北郡には、加賀藩の鷹場《たかば》がおかれていた。鷹場とは鷹狩をする場であり、時代によって、その範囲や役割も変わっていく。ここでは江戸後期の天保一四年（一八四三）の石川郡について、鷹場の区域をみておこう。

金沢から西の方へ向うと、おおまかにみれば伏見川、中村用水、そして手取川が順に流れている。まず金沢から伏見川までは、年間をつうじて殺生をすることが厳しく禁じられた。ここは藩主しかタカを放つことができないからだ。

つぎに、伏見川から中村用水までは、一〇月から翌年二月までは家臣の鷹狩が許された。さらに中村用水から手取川までは、一〇月から三月まで家臣は禁猟とされていたものの、一転して、この年から年中すべてが解禁となる。このように石川郡では、金沢からの遠近の違いで、鷹場としての規制の差が生じていた。

とはいっても、武士であれば誰でもタカを飼えたのではない。タカの種類や石高に応じて、飼える身分が決まっていたからだ。一例をあげると、オオタカを飼えるのは、延宝《えんぽう》五年（一六七七）までは三〇〇〇石以上の家臣と決まっていた。それから半世紀ほどのち、享保九年（一七二四）の家臣の総数は一一〇〇名あまりである。そのうち三〇〇〇石以上の家臣は四三名、割合にして約四パーセントしかいない。

タカを飼うこと自体が、武士身分の格付けが高いことも表していたのである。

藩主の鷹狩

鷹狩の具体例として、ここでは六代藩主前田吉徳《よしのり》のケースを紹介してみよう。享保八年、彼が三四歳の時に、八代将軍徳川吉宗《よしむね》によって家督の相続が認められた。だが、すでにタカをとおして両者の絆はむすばれていた。

それより四年前に、江戸城に登った吉徳は、吉宗に謁見した。その際に、朝鮮より献じられた若鷹が下賜されていたからである。さらに、江戸下屋敷は広いと聞いているから、そこでタカを放ちなさい、と命じられた。家督を継いだ年には、吉宗が鷹狩によって獲ったツルを賜ってもいる。これらからは、タカをめぐる将軍と大名とのあいだの贈答儀礼もみてとれよう。

参勤交代によって江戸から国許に戻ってからも、吉徳は鷹狩をたしなんだ。翌九年に石川郡粟《あわ》ケ崎《がさき》（現金沢市）で初めて鷹狩をし、それから同一三年にかけては河北潟などでタカを放っている。金沢の近くに広がっているのが河北潟であり、粟ケ崎はその近くに位置している。捕獲されたのはバン（鷭）が多かった。

ツルやハクチョウは、タカよりも大きな翼をもつ。そのような大型の鳥をタカで狩るのは、技術的なハードルが高い。だからこそ、湖沼や田んぼの茂みにすみつく、バンのような水辺の鳥をねらったのかもしれない。

■餌指

鷹場では、ヒトの手によって生態系がコントロールされていた。数例をあげてみよう。

一八世紀後半の天明六年（一七八六）に、早春の漁で川魚が減少しているため、正月から四月にかけて網を引くことが禁じられた。早春は魚の動きが鈍い。しかも幼魚が育つシーズンであるため、網を使うと魚が減ってしまうから禁止されたのだ。淡水魚が減ると、それをついばむ鳥たちもいなくなる。そうなれば、武士の鷹狩にも支障をきたす。

鷹場内では、なんといっても百姓が鳥を獲ることは厳禁とされた。江戸前期の延宝七年に、藩は百姓の暮らしを規制した『村方《むらかた》二日読《ふつかよみ》』を定めている。この法令によれば、鳥が死んでいれば拾って、速やかに農村を管轄する郡奉行に届けるように命じられている。ツルやハクチョウの場合は、鷹場の外であっても届け出なければならなかった。

それにもかかわらず、鷹場の中で鳥を獲ることが許された者がいた。餌指である。石川郡宮丸《みやまる》村（現石川県白山市）の与兵衛と兵五郎の例をあげておこう。彼らは、もともとは頭振《あたまふり》であり、殺生《せっしょう》人《にん》でもあった。頭振とは無高農民、殺生人とは狩猟や漁撈《ぎょろう》を行う者をさす。

与兵衛と兵五郎は、銀を上納して網で鳥の捕獲をしていた。けれども、江戸前期の寛文四年（一六六四）に、餌指に身をてんじる。竿や網を使って小鳥を獲り、武士が飼う鷹の餌として売っていく。一〇月から翌年三月までは、隣の能美郡でも小鳥を獲って売買しているという。

彼らが餌指となって三年後の段階で、藩ではハヤブサ（隼）一五居《すえ》が飼われていた。江戸時代では、タカを数える場合に用いられていたのが、この「居」である。一日あたり、一居につき、ハヤブサの餌としてハト（鳩）二羽を与えることが決められていた。

では、餌の総量をはじきだしてみよう。一五居を飼うためには、毎日ハト三〇羽をあらかじめ調達しなければならない。餌が小鳥であれば二四〇羽にもおよぶ。一年間で見積もると、ハトが約一万羽、小鳥が八万羽以上と、その数は途方もない。しかも、これはあくまで藩主用である。ほかにもタカを飼う上級クラスの家臣がいたし、商人も鳥を買い集めていた。

このような膨大な鳥のニーズが、餌指がなりわいをやり遂げられる受け皿になっていたのはいうまでもない。

■田んぼをめぐるトラブル

『民家検労図《みんかけんろうず》』（石川県立図書館所蔵「民家検労図」）には、江戸後期の天保期（一八三〇～四四）の庶

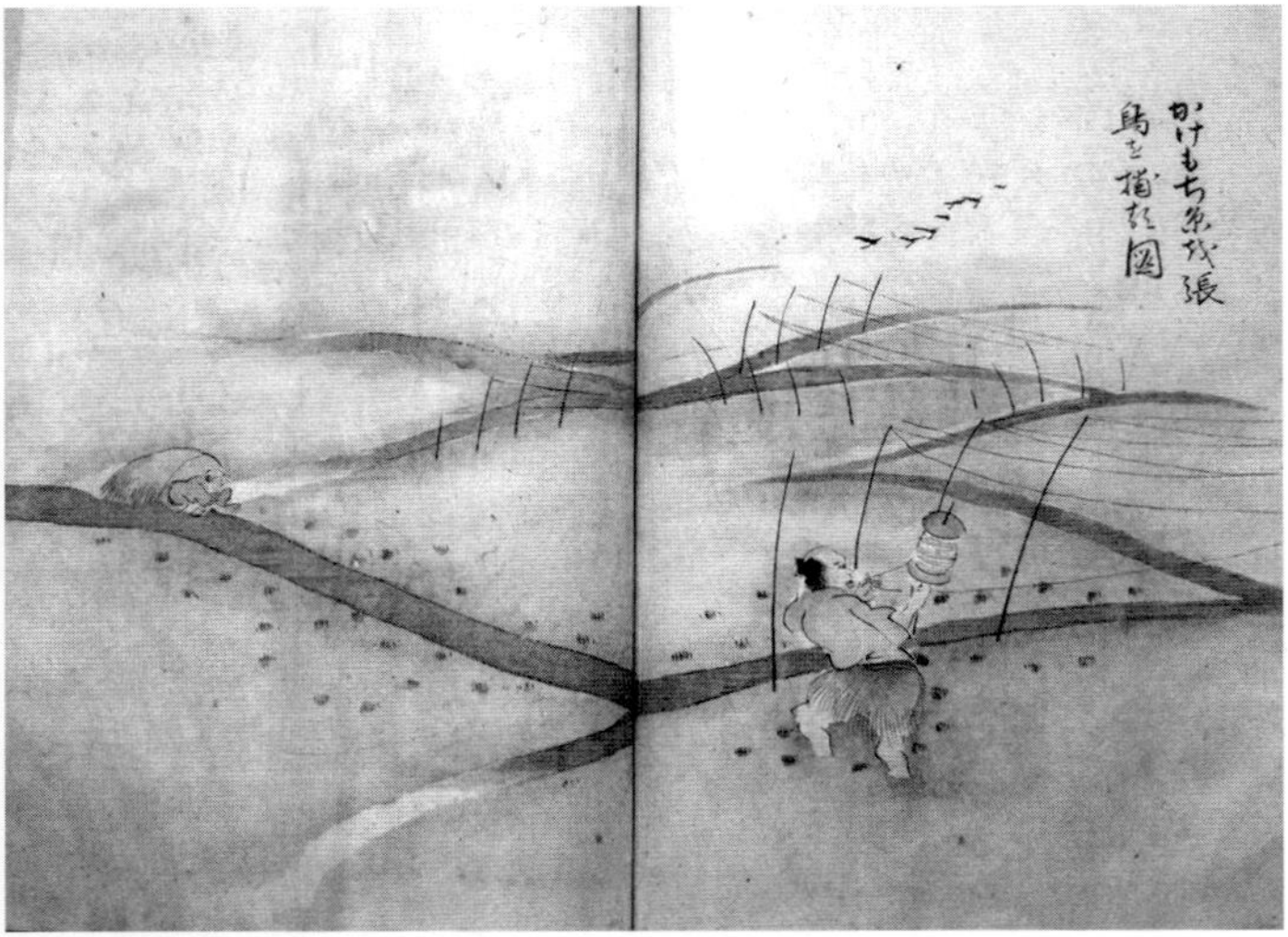

図　「民家検労図」（部分）
（石川県立図書館所蔵）

民生活が描かれている。その一部を示した図から、餌指の仕事ぶりを確かめておきたい。

右側に立っている餌指は、稲刈りの終わった田んぼに入り、竿を何本も並べている。この竿の先には、とりもちの巻かれた糸が付いていた。左下には、藪《やぶ》を構えて、その中にひっそりと籠っている餌指の姿も見える。

江戸中期の安永三年（一七七四）には、餌指に対して、近辺の百姓の耕作を差し止めることが禁じられている。薄暗くなると、鳥たちは鳴き声をあげながら、ねぐらへと戻っていく。飛び立つ瞬間に鳥が糸に引っ掛かるまで、餌指は藪の中でじっと待つ。だが、人影が見えれば、鳥はあわてて逃げ去ってしまう。そこで餌指が農作業を中止させたことから、百姓とのあいだでトラブルが生じていたのだろう。

餌指のほかにも、田んぼをめぐって、いざこざが起こった。漁撈をなりわいとする殺生人が、コイ（鯉）やフナ（鮒）を獲るために、田んぼに入って荒らしていたからである。レクリエーションとして釣りを楽しむ武士や町人も、農作物を踏んづけていた。もちろん、このような行為を藩は禁じていた。そうせざるをえないくらい、百姓からの苦情がたえなかったのだろう。

百姓は、一粒でも多くの実りを願う。そのような本心とは裏腹に、自分の思うままに稲作ができなかった。とりわけ、鷹場に指定されれば、厳しい規制がしかれてしまう。タカが放たれるだけではなく、その餌となる鳥の生態系もコントロールされる。だから、百姓は、米をついばむスズメさえも獲ることが許されず、ぐっとこらえて追い払うしかない。

よって、タカの視点からみれば、江戸時代に蜜月を過ごしたヒトは、あくまでも武士なのであった。しかし、明治にはいると、武士たちは廃業を強いられ、狩りという仕事を失ったタカの大半は野に放たれた。現在では、まわりの自然が変化したことなどが原因でタカの数は減っており、なかには絶滅の危機に瀕している種もあるそうだ。

コラム２　ヒトと自然の琉球史――田んぼを取り巻く自然

> 壅用い候儀、耕作方肝要の勤め候間、壅の貯え念を入れるべきこと
> （『日本農書全集　第三四巻』）

肥料

壅《くやし》を用いることは、耕作においては肝要の勤めである。念をいれて、それを貯えておくように、と。なお、「壅」とは肥料をさす。

周知のとおり、田んぼを使っていけば、どうしても土地の生産力が落ちてしまう。それを高めるためには、ヒト（人）は肥料を投じざるをえない。この肥料を足がかりとしながら、琉球の田んぼを取り巻く自然を見渡してみよう（拙著『茶と琉球人』）。

さて、冒頭は、琉球の農書『農務帳』の一文である。肥料は農業を営むにあたり大切であり、それを貯えておくことが教諭されている。日本本土と同じように、琉球の農業においても肥料は重要視されていた。

肥料としては、糞尿や草のほかに、油粕、海藻類、海辺の砂、灰、藁、マメ（豆）の殻、草や葉、屋敷内のゴミなどが使われていた。生活空間のここかしこから、百姓は肥料を集めていたのである。これらが手に入れられない場合は、どうしたのだろう。

農書『安里村《あさとむら》高良《たから》筑登之《ちくどぅん》親雲上《ぺーちん》、田方《たかた》幷《ならびに》芋《いも》野《や》菜類《さいるい》養生方《ようじょうかた》大概《たいがい》之《の》心得《こころえ》』（年代未詳）では、正月と七月には酒粕を買ってくるように、と勧められている（『日本農書全集　第三四巻』）。安里村（現那覇市）は酒造所が設けられた首里（現那覇市）に近い。泡盛《あわもり》をつくる過程で排出される酒粕を、肥料として使う村もあった。

景観

田んぼにはイネ（稲）が実り、畠ではサツマイモ（薩摩芋）などが育つ。さらに丘には墓も造られた。琉球の墓といえば、外形が亀甲状になって

いる亀甲墓《かめこうばか》が知られていよう。図1には、浦添御《うらそえう》殿《どぅん》の墓を示した。浦添家という王家の亀甲墓であり、造営されたのは一八世紀末で、浦添市内で最大級の規模をもつ。かつてここの近くには、墓の番をする者の屋敷があった。墓の大きさからは、祖先崇拝をおもんじる、琉球のヒトたちの信仰心

図１　浦添御殿の墓
（筆者撮影）

図２　宮里家ウヮーフール
（筆者撮影）

も伝わってこよう。

『農務帳』によれば、耕地が広がれば、牛馬の飼料や薪を採ることができなくなる、と戒められている。「牛馬の飼料」とは、具体的には草をさす。本土と同じように、琉球でも丘には草山が広がっていたのである。ただし、琉球では、草は肥料より、むしろ飼料としての用途が主であった。

ということで、琉球の景観は、田んぼ、畠、墓、草山、丘が基本であった。本土とは、一見はあまり差がないように思えるかもしれない。一点だけ、墓のインパクトの大きさは、琉球の独自性をあらわしている。

家畜

百姓は、ウマ（馬）・ウシ（牛）だけではなく、ヤギ（山羊）やブタ（豚）といった家畜も飼っていた。本土とは違って、ウシ・ヤギ・ブタが食べられていたことも、琉球の大きな特徴といえよう。ここではブタをクローズアップしたい。

琉球でブタが飼われていたのは、食用のためだけではない。図2には、沖縄県西原町で、かつて使われていた、ブタの飼育小屋をかねたトイレを示した。これを「ウヮーフール」とよぶ。一つずつ仕切られたスペースの中にブタを入れる。この端にトイレが隣接し、ヒトの糞尿が、この中で飼われているブタの餌にもなった。それだけではなく、ブタの糞尿は、肥料としても使われていたのである。

では、肥料を足がかりに、本土と琉球とを比べてみよう。江戸時代の本土では、新田開発がピークに達した一八世紀以降は、遠隔の地から干鰯のような肥料を買わなければ、農業を維持できなくなった。本土の稲作は、その根底において持続可能ではなかったといってよい。

一方、琉球では、肥料のほとんどが自給されることによって、農業が保たれていた。さらに、ウヮーフールの例からわかるように、ヒトの糞尿まてもが再利用（リユース）・再生使用（リサイクル）されていたのである。ブタの視点からみると、琉球のヒトたちは持続可能な農業を営んでいたと評価できる。

Ⅲ　刃を向ける自然

1　イワシ

魚ハ鰯ヲ用有トシ、イカナル山ノ奥マデモ通ジ、人ヲ養イ穀ヲ長ジ、鯉・鯽（鮒）ノ貴ク少キニハ勝レリ、是故ニ仁魚ト云エリ

（『日本農書全集　第五巻』）

■「仁魚」と称えられたイワシ

魚ではイワシ（鰯）が役にたつ。どのような山の奥までも広く行き渡り、ヒト（人）を養い、穀物を育て、価値が高くて数の少ないコイ（鯉）やフナ（鯽）よりも優れている。それゆえに、イワシは「仁魚」といえる、と。

江戸中期の宝永六年（一七〇九）に、加賀国江沼《えぬま》郡小塩辻《おしおつじ》村（現石川県加賀市）の百姓鹿野小四郎《かのこしろう》は、農書『農事遺書《のうじいしょ》』を著した。農事の秘伝と生き方を子孫に遺すためである。冒頭には、その

なかの一文を示した。

それから三年後の正徳《しょうとく》二年（一七一二）に、大坂《おおさか》（現大阪市）の医師寺島良安《てらじまりょうあん》によって、百科事典『和漢三才図会《わかんさんさいずえ》』が刊行された。同書には、淡水魚のコイ・フナ・アユ（鮎）や海水魚のタイ（鯛）・マグロ（鮪）・ブリ（鰤）など、約一三〇種の魚が登録されている。これほど多くの魚がいるにもかかわらず、小四郎はあえてイワシを「仁魚」と称えたのだ。

イワシはマイワシ（真鰯）・カタクチイワシ（片口鰯）・ウルメイワシ（潤目鰯）などの総称で、マイワシがニシン科に属しているように、ニシン（鰊）の近縁種でもある。

今からは想像することができない。群れをなして、大海原を回遊するイワシが、江戸時代をささえる重要な自然であったことである。Ⅰ―4（草）で述べたように、干鰯は肥料として耕地に投じられていた。このように魚を加工した肥料を「魚肥《ぎょひ》」とよぶ。

これまで何度も述べてきたように、江戸中期には耕地面積がほぼ倍増した。ところが、毎年、田んぼを使い続ければ、どうしても土地の生産力が落ちてしまう。それを補うために、百姓たちは耕地に肥料を投じていたのである。

江戸前期であれば、百姓は人糞などの自給肥料を用いていた。しかし、田んぼが一面に広がった江戸中期以降には、自給肥料だけではまったく足りない。そのため、百姓は村社会の外から、新たに肥料を購入せざるをえなかった。このような事情もあいまって、魚肥の需要が大きくなったのである。

以下、加賀藩を事例にしながら、イワシとヒトとの関係をみていこう（拙稿「イワシの歴史」）。

■イワシの豊凶史

イワシを獲るにあたっては、豊漁もあれば、不漁もある。加賀藩の儒者、金子鶴村は『坐右日録（鶴村日記）』を書きつづった。この日記から、江戸後期のイワシの豊凶史を確かめたい。

『坐右日録』には、鶴村がイワシを買ったときの値段が書かれていることがある。表には、イワシの最安値（推計）を示した。一覧

表　イワシの最安値（10尾あたりの推計）

年　代	春（文）	夏以降（文）	最安値（文）
文化４年（1807）		9.0	9.0
文化５年（1808）	12.5	12.5	12.5
文化６年（1809）		19.0	19.0
文化７年（1810）	20.0		20.0
文化９年（1812）	18.0	10.0	10.0
文化10年（1813）	7.0	17.5	7.0
文政３年（1820）	40.0		40.0
文政５年（1822）		17.5	17.5
文政６年（1823）	18.0		18.0
文政９年（1826）		20.0	20.0
文政12年（1829）	3.0		3.0
天保元年（1830）	9.0	12.0	9.0
天保２年（1831）	12.5	7.0	7.0
天保３年（1832）	20.0		20.0
天保７年（1836）		20.0	20.0
平　均	16.0	14.5	15.5

出典：『鶴村日記　上・中・下編』（石川県図書館協会、1976・78年）により作成。
註：１升＝20尾と仮定して計算。

してみると、文化四年（一八〇七）から天保七年（一八三六）まで、春と夏以降に関係なく買われていることから、豊漁だったことがわかる。なぜなら、イワシは干鰯にすることが優先されていたため、不漁ならば食用に供されるはずがないからだ。

最安値の平均は約一六文である。たとえば、文政九年（一八二六）と天保七年は二〇文なので、その値段を上回っている。それでも『坐右日録』には、文政九年九月二八日と天保七年四月一九日に、「いわし多く来る」と記されている。したがって、安定してイワシが供給されていた。この二〇文をひとつの目安とすれば、文政三年前後のイワシはやや豊漁で、それ以外は豊漁だったとみなせよう。

この内容をふまえつつ、江戸時代後半の気候変動とイワシ漁との相関関係は、次のようにおおまかに整理できる。

天明期　　＝寒冷＝イワシ不漁
文化期　　＝温暖＝イワシ豊漁
文政期前半＝温暖＝イワシやや豊漁
文政期後半＝寒冷＝イワシ豊漁
天保初年　＝温暖＝イワシ豊漁

寒冷だった天明期は不漁で、同じように寒冷だったとみられる文政期後半は豊漁だった。よって、気候変動と連動するのではなく、イワシはそれ自身の生命力で、日本近海で増減を繰り返していたとみてよい。

■干鰯が選ばれる理由

自給肥料であれば、コストはかからない。それなのに、金銭を出すまでして、なぜ百姓は干鰯を使うようになったのか。江戸中・後期の砺波平野に居住した宮永正運は、農書『私家農業談』（『日本農書全集　第六巻』）において、その理由を次のように明快に説く。

近年、加賀藩領の百姓は不精になっており、自給肥料の出来も悪くなっている。富農は労することを嫌い、自分の土地を小作に出して、わずかな手作りしかしていない。小農もこれを見習い、牛馬を飼うこともなく、昔と違って土屎《つちごえ》・草屎の用意もしない。耕作地も狭いので肥料となる藁・糠《ぬか》も得られず、灰や人馬の糞なども減っている。だから、持ち運びやすい干鰯を過剰に使うようになっているのだ、と。

土屎・草屎のような自給肥料は、腐熟させるなどして用意をするには手間暇がかかる。これに比べたら、干鰯は買うだけで済むし、なんといっても持ち運びやすい。鹿野小四郎は、農書『農事遺書』において、田んぼに投じる肥料の効能を次のように数量化していた。

干鰯一俵（粉一斗五升）＝人糞二一駄七分半＝壺土《つぼつち》三五駄＝踏土《ふみつち》四五駄

一駄とはウマ（馬）一頭に負わせる荷物の量、壺土・踏土とは土を腐らせるなどして作った自給肥料をさす。干鰯の粉一斗五升とは、二七リットルにあたる。同じ効能を得るために、干鰯の使用量は圧倒的に少ない。人糞などは鼻がまがる。『農事遺書』によれば、それに比べたら、干鰯の匂いは、香木として珍重されていた伽羅《きゃら》のようなものだという。

■干鰯リスク

自給肥料は重くて、悪臭が漂う。これを使うよりも、たしかに干鰯の方が使い勝手が良いし、肥料としての効果も高い。イワシという、海の自然に依存することで農業経営が維持されている。その半面、イワシ漁が豊凶を繰り返すので、それによって干鰯代も浮き沈みする。

結果として、天明期にはイワシが不漁であったがゆえに、干鰯が高値となった。それが百姓の経営を圧迫していたのだろう。この難局をクリアするため、正運は次のような提案をした。すでにⅡ—2（ウシ）でふれているので、かいつまんで示す。

農家が第一に持つべきものは牛馬だ。昔と比べると、近年の百姓は飼育数を減らしている。だから自給肥料もおのずと減り、干鰯などを買うことに経費を多くかけている。ついには肥料代を支払わなければならず、年貢が不足する原因にもなっている、と。

正運は、家畜を飼う元来の農業経営への復古を唱えていた。その社会的な背景とは何だったのだろう。これもII―2（ウシ）でみたように、加賀藩領では、ウシ（牛）よりもウマの方が、圧倒的に多く飼われていた。だが、江戸中期以降には、ウマの飼育数が激減していたのである。

これにより、村々では自給肥料を運べない。ひいては厩肥を得ることもできず、肥料を購入することによって対処するしかない（前掲『加賀藩の社会と政治』）。江戸中期以降、加賀藩領では、村社会の内部で富農と小農との両極分解、いわゆる農民層分解がすすむ。ウマを手放した小農たちは厩肥を得られないため、干鰯を買う分だけ貯えが細っていくのは必然のことだった。

■農業経営上のジレンマ

そしてなにより干鰯は、肥料としての効果が高いとはいえ、土を衰えさせるデメリットをもつ。ヒトや家畜の排泄物には、肥料の主要三要素（窒素・リン・カリウム）がまんべんなく含まれている。他方でイワシなどの干魚であれば、含有量がもっとも多いのが窒素、ついでリンで、カリウムは不足している（尾和尚人ほか六名編『肥料の事典』）。

それればかりか、低温、日照不足、雨、あるいは窒素肥料が多いときには、いもち病が発症しやすい（農文協編『原色　作物病害虫百科　第二版　一　イネ』）。江戸中・後期に、加賀藩領は凶作に見舞われる。それはⅠ―1（気候）でふれた寒冷化にくわえて、窒素を多く含んだ干鰯が使用されていたことにも一因があったとみてよい。

すなわち、農民層分解がすすんで、ウマを手放した百姓は、干鰯を得るがゆえに、イワシという海の自然に依存しなければならなくなった。こうして、干鰯を買う分だけ貯えが細り、土がカリウム不足に陥るなどの農業経営の矛盾も生じたのである。もちろん、元の経営に戻ることもできたであろう。でも、小農は資産が乏しいので、ウマを買いなおすことができない。だから、やむなく干鰯を購入し続けるしかない。

このような百姓の暮らしとはほど遠い大海原で、イワシはそれ自身の生命力で増減を繰り返していた。イワシが減って不漁に陥れば干鰯代が高くなり、百姓にとっての手痛い出費も増えていく。イワシという視点からみれば、江戸時代のヒトは、イワシのあゆみに翻弄されていたといえよう。

このジレンマを克服するため、新たな魚がスポットライトをあびることになった。次の主人公として登場するニシンである。

2　ニシン

品《(良)》よきは能く洗い、混《(昆)》布にて巻くなどして、煮付けて食し、賤民は酒の肴にも用うるなり
（『日本農書全集　第六九巻』）

■ニシンの用途

江戸後期の農学者大蔵永常は、天保期（一八三〇～四四）に農書『農稼肥培論《のうかひばいろん》』で肥料の大切さを説いた。同書では、ニシン（鰊）について、以下のように語られている。

ニシンは、松前《まつまえ》（現北海道南西部）の産物であり、畿内《きない》（現近畿地方の一部）・北国ではもっぱら肥やしとして使われている。そのあと、冒頭のように「品質が良ければよく洗い、昆布で巻くなどして煮付けて食べ、貧しい者は酒の肴としても用いている」と言いあらわされた。

松前、ひいては蝦夷地《えぞち》（現北海道）で獲られたニシンは、乾燥させたあとに、北国などを経て畿

内へ送られていた。それらは肥料として大量に使われ、品質が良ければ調理されて食べられてもいた。江戸時代において、ニシンはヒト（人）の食用となったり、肥料となったりして利用に供されていたのである。

ニシン科のニシンは、北半球の北方の海にすむ。日本近海では、北海道を中心に獲られてきた。春の三月から五月頃、群れをなして、産卵のために岸に押し寄せてくる。そのシーズンが漁の好機だ。江戸後期では、一七八二～九八（天明・寛政）は凶漁、一八〇九～二八年（文化・文政）は豊漁、一八三一～五七年（天保・弘化《こうか》・安政）は不漁・薄漁だった（菊池勇夫「ニシンの歴史」）。

■鰊魚肥の加工法

図で示した『松前屏風《まつまえびょうぶ》』（函館市中央図書館所蔵「松前屏風」）には、江差《えさし》（現北海道江差町）でのニシン漁が描かれている。

刺し網で獲られた大量のニシンが、男たちによって舟で運ばれて、陸に引きあげられている。春とはいえ、肌を刺すような浜風には底冷えしたことだろう。網から外されたニシンは、次から次へと小屋の中へ運ばれていく。それから縄で数珠つなぎにされて、干し場で吊るされる。ただし、丸ごと日干しにされていたのではない。

図　「松前屏風」（部分）
（函館市中央図書館所蔵）

イワシ（鰯）よりニシンの方が、はるかに体が大きい。ゆえに、ニシンは部位ごとに切り分けられて加工された。この作業を「鰊潰し」とよぶ。これは主として女性の仕事とされており、次のようにすすめられた。

まず、エラが抜き取られ（笹目《ささめ》）、腹が裂かれて内臓が取り出される（白子・数の子）。さらに身の部分（身欠鰊《みがきにしん》）を取り除くと、頭や骨などが残る（胴鰊《どうにしん》）。これらの部位それぞれが乾燥され、一般的に身欠鰊は食用として、ほかは肥料として用いられた。また、生のニシンを煮て油を搾り、その残りかすも干されて肥料として使われた。

こうして加工された鰊魚肥は、はるか畿内へと運ばれていく。大坂という中央市場をかかえた畿内では、イネ（稲）だけではなく、ワタ（綿）・ナタネ（菜種）などの商品作物も栽培されていた。肥料のニーズがとてつもなく多い。よって、江戸後期になると、それまでの干鰯にかわって、鰊魚肥が大量に費やされた。これについては、加賀藩でも同じような傾向がみられた。

■脚光をあびる鰊魚肥

加賀藩領では、江戸中期には農書『耕稼春秋』が、江戸後期には農書『私家農業談』が編まれた。いずれの農書でも、干鰯の効能は説かれている。されど、鰊魚肥については俎上《そじょう》にのせられていない。これらが執筆されていた頃には、鰊魚肥が広まっていなかったからなのだろう。

越中国では、江戸後期の文化（一八〇四〜一八）末年から文政（一八一八〜三〇）初年には、鰊魚肥が使われるようになったとみられている（水島茂『加賀藩・富山藩の社会経済史研究』）。そのあとの天保期の動向を、これから注視してみたい。

天保五年に、越中国砺波郡から、藩は次のような報告をうけた。近年は「笹目」が多く入り、百姓たちはこれを購入して田んぼへ投じている。ただ年々その使用量が増えてしまい、三、四割も取り扱っている。「笹目」とはニシンの頭骨や腸のことで、食べる部分を取ったあとにこれを干し、俵に入れられて廻送されている、と（富山県編『富山県史　史料編Ⅳ』）。

前述のごとく、笹目はエラの部分をさす。よって、ここでの「笹目」とは、胴鰊のことを勘違いしているとみてよい。とにかく、松前・蝦夷地からほど遠い加賀藩の農村においても、頭や身というように、ニシンの部位にまで理解が深まっていることが見てとれる。さらに天保期の動向をおってみよう（前掲『加賀藩・富山藩の社会経済史研究』・前掲『富山県史　史料編Ⅳ』）。

砺波郡の村々では、田んぼの肥料として、松前の鰊魚肥が使われていた。しかるに、ここ数年はしだいに高値になっており、百姓は迷惑をしていた。越中国伏木浦《ふしき》（現富山県高岡市）などに入った船、もしくは商人から買っていることが原因といえる。そのため、天保六年に百姓たちは、みずから船で米一万石を積み出して、松前で鰊魚肥を買いたいと藩に嘆願した。

この申し入れに対して、藩はあっさりと許可をあたえた。だが、思うようにはすすまなかった。なにぶん初めての試みだったからである。それに、松前で交渉するにあたっては時期も遅れ気味であった。結局、伏木浦の商人の船が雇われることになった。こうして二一九石の米が託され、松前から一万貫あまりの鰊魚肥を入手できたという。

百姓たちは、鰊魚肥の高騰に気をおとしていた。その背景には、先に述べたニシンの不漁があったのかもしれない。いずれにせよ、このような事態に危機をいだいた藩は、矢継ぎ早に魚肥の確保に努めていく。農村が、さらなる難問を抱えていたからだ。

稲作を始めるにあたり、資金の工面ができない百姓は、魚肥を買うことができない。だから、仲買人や問屋が貯えている魚肥を、やむなく高い値段で借りるしか術がない。肥料代をめぐって、百姓は搾取にあえいでいたのである。やがて田植え後の五月以後になって、ようやく松前・蝦夷地から鰊魚肥が入ってきた（前掲『加賀藩・富山藩の社会経済史研究』）。

■魚肥をめぐるタイミング

ここで百姓と魚肥との関係について、時系列でとらえてみよう。先述のごとく、ニシンの漁期は三月から五月頃にかけてであった。これは新暦であり、旧暦であれば二月から四月頃にあたる。鰊魚肥が加賀藩に多く入ってくるのも、おのずと「田植え後の五月以後」になる。前年の分でもないかぎり、それより前に百姓が鰊魚肥を買うことはできない。

それならば干鰯を求めればよいのではないか、という反論もあろう。Ⅲ—1（イワシ）でみたように、加賀藩では干鰯も大量に出回っていたからである。でも、領内より、もっと魅力的な市場があった。

能登国の百姓村松標左衛門は、江戸後期に数多くの農書を執筆した。『村松家訓』や『工農業《こうのうぎょう》事見聞録《じけんぶんろく》』が、代表作としてあげられよう。天保五年に彼は、藩政についての率直な意見を『村松標左衛門上申書《じょうしんしょ》』（金沢市立玉川図書館近世史料館所蔵「村松標左衛門上申書」）にまとめて藩に献じた。同書によれば、干鰯をめぐる現状が次のように説かれている。

田植え前に、商人が干鰯の移出を藩に申請している。その際に、百姓たちが干鰯の買い入れを願い出ないがゆえに、移出が認められてしまっている、と。「田植え前」というタイミングを見過ごしてはならない。

『村松家訓』によれば、四月中旬から田植えが始められる。その一か月前には、田んぼにまくための肥料を集めて腐熟させる。その原料としておもに用いられていたのが、下肥、油粕、米糠、さらにはイワシなどの海産物なのであった（『日本農書全集　第二七巻』）。

■魚肥と農業経営

要するに、魚肥と農業経営とのタイミングは、次のように整理できる。

稲作を始めるにあたり、初めに大量の魚肥を要するのは「田植え前」である。ちょうど、そのタイミングで加賀藩ではイワシが獲られて、干鰯が製される。けれども、資金繰りに乏しい百姓は、干鰯を手に入れることができない。畿内という巨大な魚肥市場があったため、領内の干鰯は次々に流出していく。それでも、肥料が欲しい小農は、商人のストック分をやむなく高値で借りるしかない。

同じ頃、松前・蝦夷地ではニシンが獲られて、鰊魚肥に加工される。それが加賀藩に多く入ってくるのは、「田植え後の五月以後」であった。こうして鰊魚肥が、肥料不足に悩む百姓の農業経営を助けてくれたのである。

このようにみてくれば、イワシだけではなく、ニシンの生態もまた、漁業だけではなく、農業にも少なからぬ影響をあたえていたことがよくわかる。ニシンの視点からみれば、江戸時代のヒトは、北の地でその身を切り分けて乾燥させ、それをわざわざ本州へ運んで農地に投じていたと評せる。むろん、漁も豊凶を繰り返すので、ヒトの暮らしがニシンに翻弄されていたことはいうまでもない。

時が流れて現在では、ヒトの漁獲能力が格段に高まっており、ニシンもふくめた日本近海の魚が減っている。水産資源をいかに回復していくのかが、わたしたちにとっての当面の課題といえるだろう。

3　獣

> 五穀の害をなすものは、野猪・鹿・兎なり
>
> （『日本農書全集　第三巻』）

■今に続く獣害

五穀に被害をあたえるのは、イノシシ（猪）、シカ（鹿）、ウサギ（兎）である、と。江戸後期に、上野国で著された農書『開荒須知』には、このように記されている。とりわけ、イノシシとシカは田畠に大損害をもたらす。同書では、さらなる警戒が呼びかけられていた。

荒れ地を拓くと、獣の被害が多い。少しでも油断をすれば、数か月の苦労が一夜にして台なしになってしまう。住居に囲まれた中に田畠を拓けば、たいていの獣は入ってこない。家々にイヌ（犬）を飼っておけば、獣は近寄ってこないものだ。家から少し離れた所では、穀物が実り始めて

収穫するまでのあいだは、夜ごと番をすべきである、と。

イノシシ科のイノシシは夜行性で、植物の根、穀物、ミミズ（蚯蚓）などを食す。他方で、シカ科のシカは草食性で、早朝や夕方に活発に動く。現在、これらの獣から作物を守るために、耕地に電気柵が張りめぐらされている光景を目にするのではなかろうか。獣害は、江戸時代より、むしろ今の方が深刻なのかもしれない。山林が放置され、あるいは狩猟をする者がいなくなったことなど、さまざまな原因が考えられている。

そうはいっても、イノシシはヒト（人）よりも体つきがよい。電気柵のない江戸時代に、百姓はどうやって獣たちに立ち向かっていたのだろう。この問題について、これから加賀藩の様相をとらえていく。

■苗代に侵入する獣たち

図は、早春の二月に、百姓が苗代に種籾をまいている場面である。Ⅱ—5（鳥）で述べたように、鳥害を防ぐため、苗代には案山子を立てたり、鳴子でカラガラと音を出したりするなどの防御策が講じられていた。

土屋又三郎は、江戸前・中期に加賀平野で暮らした百姓である。彼の農書『耕稼春秋』（『日本

農書全集　第四巻』）によれば、鳴子にも次のような段取りをしておくべきだという。鳴子には、管を切って板に付ける。できるだけ板は軽い方がよい。鳥の威しにはいろいろある。死んだ鳥や獣、鳥の羽、アサ（麻）の茎、糸に紙を付けた物を用いる。または黒、白のように、竹竿を見慣れない色で塗り分ける、と。

鳥だけではなく、獣にとっても、冬場はどうしても食べ物が足りない。春先の苗代は、申し分のない餌場に見えたことだろう。数例あげれば、イノシシはカエル（蛙）や虫を食べるために、シカは種籾をねらって、苗代に入り込んできた。

図　「耕稼春秋」（部分）より苗代に種籾をまいている百姓
（西尾市岩瀬文庫所蔵）

ふたたび図を見てみよう。獣の侵入を防ぐために、苗代のまわりには雑木のような何かが、柵のように並べて立てられている。でも、少しでも隙間があれば、イノシシは押し分けて入ってくる。この高さなら、シカは飛び越えられる脚力をもつ。これくらいの柵では、獣を十分に防ぐことができない。

じつは、江戸時代の村には鉄砲が預けられていた。その数は、領主が持っている数より多かったとみられている。百姓が鉄砲を手にしていたのは、まさに獣害を防ぐためなのであった（拙著『鉄砲を手放さなかった百姓たち』）。

柵だけでは防げなかった獣を、百姓は鉄砲で撃っていた。しとめられた獣は食肉となり、百姓にとっての貴重なタンパク源になる。田んぼには、狩猟の場としての役割もあった。

江戸中・後期に砺波平野で過ごした宮永正運は、農書『私家農業談』（『日本農書全集　第六巻』）を著した。同書によれば、今日では見かけない、次のような生き物が苗代に現れていたことが書かれている。カエルが卵をかえしたばかりの稚魚を産む。すると、夜中にカワウソ（獺）が入って荒らす。稚魚に灰をまけば、カワウソは入ってこない、と。

カエルが産む「稚魚」とは、オタマジャクシをさす。カワウソがオタマジャクシを食べるため、夜の苗代に入って苗に被害をあたえていた。灰をまくと、その灰でオタマジャクシが動けなくなり死んでしまうからか、カワウソは侵入してこない。春先には、イノシシ・シカだけではなく、カワウソも苗代に出没していた。

■野山を追われた理由

『耕稼春秋』によれば、山の中に穀物を育てれば、シカや鳥などに荒らされて、利益を失うことが多いという。山に暮らす百姓にとっては、鳥や獣の食害が悩みの種であった。

そのための防御策として、『私家農業談』では、次のような方法が説かれていた。山あいの田は実りが遅いため、小鳥、イノシシ、シカがやって来てひどく荒らす。だから、鳴子、鹿威《ししおど》し、水たまりなどのトラップを作って防がなければならない、と。

育てる穀物についても、次のような配慮をすべきだという。山や谷の畠に植える場合には、芒のついたヒエ（稗）を植えるのがよい。「獅子不食《ししくわず》」という、芒のあるヒエがある。これには、鳥はもちろん、イノシシやシカの類も寄りつかないといわれる、と。

とはいえ、もともと鳥や獣が野山にすみついていたことを忘れてはならない。鳥や獣は百姓が育てた穀物を奪い、百姓はそれらの駆除をする。このような攻防戦は、山で暮らす両者であれば当たり前のことだ。でも、鳥や獣が、苗代が並んだ人里に降りるのはなぜなのだろう。

これまで繰り返し述べてきたように、江戸前期は新田開発の時代であった。それにともない、Ⅰ―4（草）でふれたように、人工的に草山が広げられた。こうして、野山に暮らす生き物たちが、そこから追い払われてしまう。やむなく鳥や獣も人里へ下りざるをえない。だから、食料をめぐる百姓との闘いが始まったのである。

苗代が描かれた図の裏側には、このような事情も隠されていた。開発によりすみかを追われた生き物が人里に顔をだす。このような事態は、今に続く課題でもある。

■ヒトと鳥獣とのあいだ

正運の子、正好は江戸後期に農書『農業談拾遺雑録』（『日本農書全集　第六巻』）を執筆した。同書には、次のような記述がみられる。

草木は、土によって生育の良し悪しが決まる。ヒトや鳥獣は、食べ物によって気血を養うものであり、美食のみで怠惰に暮らしては病気にかかる。よろずの草木や穀物も同じで、肥料を与えすぎれば、虫が付いて病になり、利潤を失ってしまう、と。

ここでのポイントは、鳥や獣のことを「鳥獣」と一対にみなしていることである。江戸時代では、たしかにそのように表現されていた。しかし、百姓にとって鳥と獣とでは、親密さの度合いが異なっていた。それに拍車をかけたのが、Ⅱ―6（タカ）でみたタカ（鷹）である。

上級クラスの武士が鷹狩をするために、百姓は鳥を獲ることができず、ただ追い払うしかない。

こうして鳥は百姓から殺される心配はないものの、ついにはタカの餌食となってしまう。他方で獣については、前述のように百姓は発砲して駆除することができた。

あらためて図を見ると、鳥の被害を少しでも避けるために、苗代の上には縄が張られている。群がっているのはスズメ（雀）だろう。野獣よりも、かよわいスズメの方が、百姓の暮らしにとっては、親しみやすい生き物のように思える。それならば、わざわざ描いてまでして、鳥害を防ぐことを教える必要があるのか。

イノシシは警戒心が強く夜行性なので、昼の場面に描かれなかった可能性もある。しかし、一見はのどかな、この図の主人公がスズメなのは疑いえない。百姓の暮らしをおびやかすのに、害することができないからだ。

武士が鷹狩をするがゆえに、百姓は鳥を獲ることができない。そのために、鳥と武士、獣と百姓が親密になった。江戸時代には、ヒト（武士・百姓）、鳥、獣の三者の距離感も変わってしまったのである。

■「害獣」への変容

それでも、江戸時代のなかで、獣と百姓とのあいだが、はるかに遠のいた時期もあった。五代将軍徳川綱吉の生類憐みの時代である。生き物のいのちが尊ばれたことで、獣へ発砲することは許されない。百姓は、獣のことを、まさに「ケダモノ」として恐れた（前掲拙著）。

この一時期をのぞけば、基本的に、百姓は獣害に悩まされたものの、その半面では獣を捕獲して食べていた。よって、江戸時代には、「害獣」と認識されていなかったのではなかろうか。獣が人里に現れることは、かえって百姓が狩りをする絶好のチャンスだったのかもしれない。

獣という視点からみれば、江戸時代の百姓は、鳥よりも、獣の方を身近な生き物と感じていた。それから獣へのまなざしが移ろう。こうしてヒトと獣の距離は少しずつ離れてしまい、現在では、まさに獣は「害獣」とみなされるようになっている。

ただ間違いなくいえるのは、獣は森林を守るために欠かせない生き物である、ということだ。たとえば獣が種子を食べ、獣が移動して消化されないまま種子が排されることによって、樹木もまた生い茂る。だから、やみくもにヒトは獣を駆除してはいけないわけだ。

今、獣害は深刻である。だからこそ、生態系への理解をより深め、ヒトと獣との距離を確かめるべきではないか。

4　虫

年によりて虫のさわり《障》、おおき《大》とすくな《少》きとはあれども、むしおくり《虫送》の事入れるべし、多くうんかの居らぬ年はなきなり

（『日本農書全集　第三〇巻』）

■飛来するウンカ

年によって虫の被害には大きい、少ないがある。しかし、虫送りをしても、ウンカ（浮塵子）が多く付かない年はない、と。虫送りが何かについては後述する。

江戸後期の四国地方で、農書『農家業状筆録』が書きおろされた。いろいろな虫がイネ（稲）に付いて、害をおよぼす。同書には、虫害の例としてズイムシ（螟虫）、アオムシ（青虫）、シャクトリムシ（尺取虫）などがあげられている。だが何といっても、冒頭のように、ウンカはどうにも

始末が悪かった。

ウンカはウンカ科に属し、汁液を吸ってイネを枯らす。体長は一センチメートル以下で、セミ(蟬)を小さくしたような体つきをしている。ウンカのなかにも、セジロウンカやトビイロウンカなどの種類がある。

セジロとトビイロの原産地は、ともに熱帯アジアだ。平均気温が一〇度以下では越冬できず、餌となる植物もない日本では死に絶えるしかない。それなのに、なぜ日本にいるのかといえば、大陸からはるばると飛んで来ているのだ。上昇気流で高度一五〇〇〜二〇〇〇メートルに昇り、それから強い南西風に乗って舞い降りてくる(那波邦彦『ウンカ』)。

ウンカの被害といえば、江戸中期に西日本一帯で襲われた享保の飢饉(一七三一〜三三)が、つとに知られていよう。山陰地方や九州・四国地方の北西部が、とくに大きな被害を受けた。これはウンカが大陸からやって来たことを裏づけている。各地の領主から幕府に報告された餓死者は、一万二一七二人におよんだ(前掲『近世の飢饉』)。

では、加賀藩を事例にしながら、虫害と、それに苦慮する百姓たちの姿をとらえていく。

■田んぼの虫たち

江戸前・中期に加賀平野で暮らした土屋又三郎は、農書『耕稼春秋』（『日本農書全集　第四巻』）を執筆した。同書によれば、以下の虫たちが田んぼに出没していた。

○指虫（ウンカ類）

田植えをして、一五日から二〇日ほどが過ぎた頃に、苗を枯らしてしまう。色は白く、細くて小さい。大きさは、半夏生《はんげしょう》の前には三分（一分＝約三ミリメートル）ばかりに、苗が生育して夏の土用が過ぎる頃には五、六分ほどになる。

五月に南風が吹いて、ムシムシと暑くなると、必ずこの虫が発生する。湿田で土質の悪い所では、この虫の被害がより大きい。夏の土用の前に風がおさまり、天気も良いと、被害がとまる年もある。その際に、追肥を多く施して日が照れば、イネは根が張って立ちなおる。

土用になっても、いまだにこの虫の活動がやまず、穂の形ができるときに枯らすこともある。このような年には、イネの大部分がやられてしまう。

○まきいもち（コブノメイガ）

ウンカ類のように色が白く、五分ばかりの大きさである。夏の土用のうちにイネに付く。この虫が葉を一枚ずつ、紙縒《こよ》りのように巻いてしまうため、葉の先から枯れていく。「とろ虫」ともよぶ。イネツトムシほど多くはいない。

○包虫（イネツトムシ）

半夏生あたりから発生し、イネの葉を食べて成長していく。夏の土用をすぎて、夜が寒くなれば、一夜のうちに驚くほど葉を巻いてしまう「悪虫」だ。青か、もしくは薄白い虫で、大きさは一寸（約三センチメートル）から一寸五分くらいにもなる。

○根虫（ニカメイチュウ）

秋の彼岸の前後にイネに付く。蒸し暑いと、きまって発生する。その頃、夜のうちに、太くなったイネに現われる。色白で一寸ばかりの大きさで、多く湧けば第一の「悪虫」になる。穂がうだるような天気で生じる虫だ。穂が出にくくなるほど夜が寒ければ、この「悪虫」の害は起こらない。そうはいっても、昼と夜が寒くなれば、イネは低温障害を受けて実入りが悪い。だから、昼が暑くて夜が寒いのが良い。このような道理を「陰陽の時」とよぶ。

これらの指摘からは、又三郎が虫の細かい生態まで認識していた点がみてとれる。とりわけ、五月に南風が吹けば必ずウンカが発生するという、彼の観察眼はするどい。これは、強い南西風に乗って、大陸からウンカが飛来していることをさしていよう。

■増殖する虫

土屋又三郎は、農書『耕稼春秋』において、以下のようなアドバイスをする。指虫、包虫、いもち病が発生したならば、いずれもタイミングをみはからって、田に多く肥料を入れればよい、と。虫害が起こったときに、肥料を投じれば、イネは根を張って立ちなおるというのだ。しかし、彼は思い違いをしていた。次のごとく、これは逆効果だったのである。

ウンカの例をあげると、発生件数が増えていくのは、新田開発がピークに達した江戸中期からである。肥やしのよく効いた田んぼでは、たしかにイネはよく育つ。その裏で、イネから汁を吸うウンカも、より成長してしまう。幼虫が茎に入って食い荒らすメイチュウ（螟虫）でも、同じことがいえる（小山重郎『害虫はなぜ生まれたのか』）。

収穫を増やすために肥料を投じるがゆえに、虫が増殖していく。まさにジレンマである。だからといって、百姓は手をこまねいていたわけではない。おもに二つの対策を講じていた。

まず、冒頭の一文に書かれていた虫送りである。これは、虫の発生しやすい夏に、百姓たちが松明を持ち、鉦《かね》や太鼓を鳴らして、田んぼを回るものであった。

松明の煙で虫を追い払うことには、少しは効き目があったのかもしれない。そうはいっても、このような方法で、虫害を防ぎきれるわけではない。それでも虫送りをしたのは、虫害は〈祟《たた》り〉によって発生するものとみなされていたからである。虫たちを鎮めるためには、祈りや呪《まじな》いに頼るしかなかった。

これに対して、江戸中期から注目されていくのが注油駆除法である。田んぼの水面に少しだけ油を落とし、その油の表面にウンカを落として窒息死させるのだ。油としては、クジラ（鯨）から採取した鯨油《げいゆ》がおもに用いられていた。鯨油については、あらためて論じたい。

■虫塚

これらの方法で、現実に虫が駆除された例がある。加賀平野では、江戸後期の天保一〇年（一八三九）七月中旬からウンカが湧き、イネを枯らして大損害をあたえた。藩は村々に虫送りを命じる。だが、被害が広がる一方なので、木の実油を使用させた。鯨油は西日本でこそ広まっていたけれども、北陸地方では、すぐには入手できなかったからである。

木の実油を田んぼに注いだことによって、殺害された虫の量は、能美郡岩渕《いわぶち》村（現石川県小松市）という一か村だけで、木綿袋に入れて一六俵に達した。数えきれない虫は埋葬されて虫塚が建てられた。虫害の恐ろしさ、さらには虫の愁いを後世に伝えるためである（新修小松市史編集委員会編『新修小松市史一〇　図説こまつの歴史』）。

図には、その虫塚を示した。高さは、一・五メートルほどである。碑には「虫ノ愁ヲオソレ、後年ノ記録ニ建之」との一文が刻まれている。現在、この碑がある小松市岩渕地区の住民は、建立から一五〇年後の平成元年（一九八九）秋に記念法要を執り行った。

加賀平野では、天保一〇年にあれほど虫害に悩まされたにもかかわらず、百姓たちは死んだ虫を供養した。その翌年に、加賀藩の支藩である大聖寺《だいしょうじ》藩は、百姓四人をウンカの発生の多い九州北部へ派遣した。虫害の発生をどのように防ぐのかを調査させて、農政にいかすためである。だが、有効な手立てはえられなかった。

図　虫塚
（石川県小松市岩渕地区、筆者撮影）

その報告書『九州《きゅうしゅう》表《おもて》虫《むし》防方《ふせぎかた》等《とう》聞合記《ききあわせのき》』（『日本農書全集　第一一巻』）には、たいていの村では、次のような聞き取り結果だったことが記されている。虫が発生する前に、それを知ったり、判断したりする術はない、と。

虫害は、江戸時代の百姓がどれだけ知恵をしぼっても、根本的には解決できない難題だった。しかしながら、田んぼの虫たちのことを、又三郎は「悪虫」と表現していた。虫の視点からみると、江戸時代のヒト（人）は、虫そのものを、田んぼから根絶やしにすることまでは考えてはいなかったとみてよい。

■「悪虫」から「害虫」へ

その後はどうなるのかといえば、明治にはいっても、虫害は「天災」として起こるものと信じられていた。そこで明治三〇年代以降、「害虫駆除唱歌」などの教育唱歌が制定されるなど、田んぼから「害虫」を排除するように、農民たちは啓蒙《けいもう》されていった（瀬戸口明久『害虫の誕生』）。

近代以降、一本でも多くのイネを収穫するために、ヒトはウンカなどの虫を田んぼから駆逐している。現在では、農薬を使えばそうするのはたやすい。逆からいえば、日本列島の歴史上、ウンカなどの虫がもっとも増えたのは、一面に水田が広がり、農薬も使わなかった江戸時代だったのかもしれない。

5 クジラ

鯨の油を用うべし、是虫にはするどき毒油にて、たちまちに去るべし

（『日本農書全集　第七巻』）

■鯨油

琵琶湖東岸において、江戸後期に農書『農稼業事《のうかぎょうじ》』が編まれた。長年の経験をもとにしながら、寛政五年（一七九三）に、老農の児島如水《こじまじょすい》が同書をまとめた。それを孫の徳重《とくしげ》が編集しなおして、文化・文政期（一八〇四～三〇）に刊行されたとみられている。この農書では、虫害について、次のように解説されている。

虫の駆除をいろいろと試しても、効果がないこともある。そのような場合には、冒頭のように「クジラ（鯨）の油を用いなさい、これは虫にはするどい毒の油なので、すぐに追い払うことがで

きる」と呼びかけられた。ただ、この油に何かが混じっていれば、効き目がうすくなってしまうから、よく吟味をしなさい、とつけたされてもいる。

Ⅲ―4（虫）でみたように、百姓はウンカ（浮塵子）などの虫に手をやいた。そのため、江戸中期から注油駆除法が用いられた。これは、田んぼの水面に広がった油に、イネ（稲）に付いた虫を落として殺す方法である。さりとて、その効果を信じる者は少なかった。

これが一変するのは、一八世紀前半のことである。享保の飢饉が起きると、ウンカの発生が多い九州を中心に普及していく。その油としておもに利用されていたのが、クジラから採取された鯨油である。もともと九州北部では、五島・平戸・呼子・壱岐などで捕鯨が盛んだった。これを「西海《さいかい》捕鯨《ほげい》」とよぶ。

周知のとおり、クジラは、ヒト（人）と同じ哺乳類に属す。体長は六～三〇メートルで、日本近海でも大きな体を揺らしながら泳いでいる。日本では、肉は食用、脂肪は油として用いられ、くじらひげや歯は工芸品として加工された。鯨油は、はじめは主として灯火用に使われ、やがてウンカを駆除するために田んぼに注がれるようになった。

では、加賀藩にスポットライトをあてながら、クジラとヒトとの関わりをとらえたい。

図　「能登国採魚図絵」（部分）
（石川県立歴史博物館所蔵）

能登国の捕鯨

加賀藩領の北部、能登国ではクジラが捕られていた。江戸後期の天保九年（一八三八）の農書『能《の》登《と》国《のくに》採魚《さいぎょ》図《ず》絵《え》』（『日本農書全集　第五八巻』）をひもといてみよう。

著者の北村穀実《きたむらこくじつ》は、「十村《とむら》」と称される加賀藩の村役人を務めていた。『能登国採魚図絵』では、絵図も用いながら、能登国のさまざまな漁法が紹介されている。そのひとつ、捕鯨は次のように行われた。

捕鯨をするのは、寒中より春の三月までである。クジラが網に入ると、すぐに数々の舟でクジラを捕りにかかる。網の中に追い込み、逃がさないように舟で囲わなければならない。こうして少しずつ、クジラは網に絡められていく。

その際に、クジラがドタバタと暴れだせば、ヒトの力ではどうすることもできない。尾鰭《おひれ》に櫂《かい》を絡め、海水を満たした舟を尾の上に乗せる。図の右端に、海水に沈められているこの船が見えるだろうか。さらに図によれば、いくつもの舟で挟まれてしまったクジラは、どうにも身動きがとれず、潮を吹き上げている。その音がかき消されるくらいに、男たちは鬨《とき》の声をあげているかのようだ。

がんじがらめにされたクジラは、ゆっくりと磯の方へ寄せられ、そこで長さ三尺ばかりの包丁でとどめが刺される。でも、クジラは大魚なので、すぐには死なないし、そのままでは暴れて傷つく。そこで口の中へ櫂を突っ込み、腹の中へ水を落とす。そうすれば、しばらくたつと息が絶える。もちろん、クジラにも大小があるので、それによって捕り方にも違いがある、と。

管見のかぎり、クジラのことが記された加賀藩の史料は少ない。その理由は、領内全体では、あまり捕鯨が盛んではなかったからなのだろう。

広まりの遅い鯨油

江戸前・中期に加賀平野で暮らした土屋又三郎の農書『耕稼春秋』（『日本農書全集　第四巻』）で

は、鯨油についての言及はない。この時点では、注油駆除法が根づいていなかったとみてよい。そうはいっても、宮崎安貞の農書『農業全書』をひきあいにしながら、クジラの煎じ粕や骨が肥料となることについては説きおよんでいた。

砺波平野で過ごした宮永正好は、江戸後期の文化一三年（一八一六）に農書『農業談拾遺雑録』（『日本農書全集　第六巻』）を著述した。同書では、次のように解説されている。イネにたくさんの虫が付き、被害を受けることがある。このときには、田んぼの取水口からクジラの油を少し流し入れれば、たちまちに虫を除去できるという、と。さらに続く。

この方法にどれほどの効能があるのかは知らない。でも、虫には効くそうだ。いろいろな花や木に虫が付いて駆除できなければ、ウナギ（鰻）を水で煮て、その汁を冷して注ぎかける。そうすれば、必ず取り去ることができる。クジラの油で虫を駆除するのも、これと同じことなのだろう。されど、農家は簡単にこの油を手に入れることができない、と。

ウナギの煮汁に、どれほど防虫の効き目があるのかはわからない。『農業談拾遺雑録』では、たしかに注油駆除法が説かれているものの、それは伝聞にすぎない。この時点でも、加賀藩領では鯨油は広まっていなかった。

■天保一〇年のインパクト

はたして加賀藩では、いつから鯨油が広く使われるようになるのか。その時期を、さらにしぼりこんでいくための農書が、大蔵永常の著作『除蝗録《じょこうろく》』（『日本農書全集　第一五巻』）である。注油駆除法を説いた同書は、『農業談拾遺雑録』の成立から一〇年後の文政九年（一八二六）に出版された。永常は、同書で次のような真相を話す。

先年に北国へ向かった時のことである。イネに虫が付いているのを見て、その辺りの農夫に「虫が付いているのに、どうして油を注がないのか」と尋ねた。すると、「その方法はいまだに知らない」との答えがあった。東国《とうごく》や北国では、注油のことを知らない者が多い。ただし、飢饉の備えとして、諸国で籾蔵が設けられているのは、誠にありがたいことである、と。

「先年」とは、少なくとも文政九年より前であることは間違いない。この時点でも、北国では注油駆除法は広まっていなかった。そのため、江戸後期の天保一〇年（一八三九）に、加賀平野は目をおおいたいくらいの虫害に遭ってしまう。これもⅢ―4（虫）で述べたとおりである。

翌一一年にはいると、加賀藩は矢継ぎ早に虫害対策を講じていく。五月に農政を司る改作奉行は、『除蝗録』を参照しながら『稲虫をさる法』をまとめて、それを木版印刷にして配った。百姓にウンカの生態を知らせて、油などを用いた駆除を広めるためである。翌六月には、クジラ、マス（鱒）、ニシン（鰊）の油が村々へ支給されてもいる（前掲『金沢市史　資料編九』）。よって、天保一〇年の虫害が大きなきっかけとなって、翌年の注油駆除法の普及につながったといえよう。

■高騰していく鯨油

『除蝗録』の刊行から約二〇年後の弘化元年（一八四四）に、永常は『除蝗録後編』（『日本農書全集　第一五巻』）を刊行した。鯨油のかわりになる油などを周知させるためである。同書の始まりには、次のような一文がある。

『除蝗録』を刊行して鯨油が用いられるようになった。ただ場所によっては手に入れがたく、ナタネ（菜種）などの油で防いでいる。貧民にいたっては、油そのものが行き届いていないから、空しく過ごすことが多い、と。

ここでは、鯨油もふくめた油が、貧民に行き渡っていない点に注目してほしい。鯨油を手に入れるには資金を要する。ということは、それを購入できる富農と、それができない小農とのあいだには、米の収穫量に格差が広がっていたことだろう。

捕鯨にも注意をはらっておく。肥後国《ひご》(現熊本県)と筑前国では、文政(一八一八~三〇)末と比べると、天保(一八三〇~四四)末には油の値段が高騰していた。その原因とみられるのが西海捕鯨の不振であり、幕末になるとクジラの捕獲数は激減していく(藤本隆士『近世西海捕鯨業の史的展開』)。これでは、小農が鯨油を手に入れることは、ますます難しくなったのではなかろうか。

明治にはいっても減少は続く。日本近海に回遊してくるクジラの数が減ってしまったからだ。その背景には、欧米の遠洋捕鯨業の隆盛があった。たとえばアメリカは、江戸後期の寛政三年には太平洋に、幕末の嘉永《かえい》元年(一八四八)頃には日本海に進出していた。これが乱獲を引き起こし、セミクジラ(背美鯨)のほとんどが捕り尽くされてしまったという(田島佳也「解題」)。

クジラの視点からみると、江戸時代のヒトは、身をなげうって水揚げをし、田んぼに油を流して、かけがえのないイネを虫たちから守った。その半面、西海捕鯨は衰退していく。したがって、大海原を遊泳するクジラに依存した、この水田農業のしくみは危ういものであった。

6 土砂

> 第一山々次第にあせ、谷々へ砂落ち入り、池、谷、河埋まり破損所多く、田畑等も荒れ、普請も多く、上下費え多し
>
> （『日本農書全集　第二八巻』）

■山の開発

山々はしだいに衰え、谷々へ砂が落ちていく。それが池、谷、川を埋めて、破損している所が多く、田畠なども荒らす。そのための土木工事も増えるため、領主も村も出費が多い、と。

江戸中期の元禄期（一六八八〜一七〇四）のことである。紀伊国《きい》伊都郡《いと》学文路村《かむろ》（現和歌山県橋本市）で村役人を務めた大畑才蔵《おおはたさいぞう》は、『地方《じかた》の聞書《ききがき》（才蔵記）』を書きとめた。紀ノ川流域では、山奥の台地や原野までが田畠として切り拓かれていた。それゆえ、彼は、冒頭のような状況に頭をか

かえていたのである。

山が木々に覆われていれば、土の中に木がしっかりと根を張るため、山肌も固まる。逆に、木が伐り出されてしまうと、土砂が流れ落ちていく。よって、木が伐採されるにしても、耕地になるにしても、いずれにせよ地盤が緩み、山は崩れ去ってしまう。

さらに、川の流れにのった土砂は上流から下流へ下り、やがては海岸にたどり着く。各地の海岸にたまった砂は、潮風にのって飛び散らかり、海沿いの村の田畠を荒らすなどの損害をあたえた。そこで、海からの強風を防ぐねらいもあって、人工的にマツ（松）が植林されることになった（太田猛彦『森林飽和』）。

要するに、白い砂浜と緑のマツが続く海辺の風景は、江戸時代の新田開発にも起因してつくり出されたのである。むろん、山から流れ落ちる土砂は、海沿いだけではなく、河川流域の田んぼにとっても無縁ではなかった。以下では、加賀藩を事例にしながら、この土砂について掘りさげていく。

■「洪水の災」

江戸中・後期に砺波平野で暮らした宮永正運は、農書『私家農業談』（『日本農書全集　第六巻』）

図　「耕稼春秋」より稲刈りの場面
（西尾市岩瀬文庫所蔵）

で次のように忠告する。実りの秋には、川底より高い田んぼではなく、まずは川端のイネ（稲）を刈り取りなさい。なぜなら、一夜の違いで、不意に「洪水の災」が起こるからだ、と。

図には、稲刈りの一場面を示している。九月には、ともすれば日中では農作業が終わらない。ほんのり照らす月あかりをたよって、延々と稲刈りが続くこともある。雲の間から満月が顔を出したことに、百姓たちは気づいたようだ。つがいだろうか、キツネ（狐）もいる。

稲刈りといえば、図のように、のどかな田園風景をイメージするのではなかろうか。でも、現実としては、まずは河川流域のイネを刈ることが急務とされていた。それほど江戸後期には、水害に悩まされていたのである。

正運が過ごした砺波平野では、どのように新田開発がすすんだのだろう。江戸初期には、扇状地や湧水帯などの水を得やすい平野部が拓かれ、河川流域で開発されたのは氾濫原であった（今村郁子『近世初期加賀藩の新田開発と石高の研究』）。

やがて平野部に用水路が引かれるなどして開発がすすみ、新たな村が次々に自立していく。ついに、江戸中期には開発が頭打ちになってしまう。また、ここを流れる庄川が豊富な水量であり、暴れ川でもあった。かくして中期以降には、藩は水害対策に本腰をいれざるをえなくなった（前掲『近世砺波平野の開発と散村の展開』）。

■堤防工事の方法

江戸後期の文化七年（一八一〇）に、定検地奉行《じょうけんちぶぎょう》は堤防の歴史を調べている。定検地奉行とは、堤防工事などを担当する役職をさす。

一〇〇年以上の前の書物は残されていなかった。よって、過去のことは詳らかにできなかったものの、近年については前任者や川沿いに暮らす村民に尋ね歩いて調査できた。その結果は、次のようにまとめられる（金沢市立玉川図書館近世史料館所蔵「定検地所川除方詮儀之覚」）。

○寛文～寛延《かんえん》期（一六六一～一七五一）

藩が農業奉公をする里子《さとご》を雇いながら行う工事

○宝暦期（一七五一～六四）～天明元年（一七八一）

藩の入札によって選ばれた請負人《うけおいにん》に実施させる工事

○天明二年以後

請負人の制度を廃止し、村々に工事を委託

天明二年から藩が村々に工事を託した理由は、なんといっても財政が窮していたからである。そのため、堤防が少しだけ破損しただけであれば、村々には自己負担が強いられてしまう。大破した場合にかぎって、藩は資金を供すことにした（藩法研究会編『藩法集四　金沢藩』）。

正運は『私家農業談』において、次のような対策を講じることを推奨していた。大河川の堤防、川岸、川原などの空き地には、ヤナギ（柳）を植えなさい。根が張っていくにつれて、堤防や岸が固まっていく。洪水の節には、それらが切れたり崩れたりせず丈夫に堪えるからだ、と。

資金難の藩に、ヒト（人）のいのちにかかわる土木工事は任せられない。だからこそ、コストのかからない工法として、百姓の手で堤防や岸にヤナギを植えることが最善策だと思いついたのかもしれない。

■上流部の山崩れ

定検地奉行が調べた堤防の歴史について、その続きをおおまかに示す。（前掲「定検地所川除方詮儀之覚」）。

かつて田んぼは、川より高い位置に広がっていた。そのため、よほどのことがなければ、田んぼが水害に見舞われることはなかった。土木工事を要する箇所も少なくて済んだ。庄川では非常に手厚い工事がされた箇所もあり、そこは今でも持ち堪えている。

けれども、ここ数年はしばしば出水し、石や砂も流れ出しているため、しだいに川底が高くなっている。とりわけ、庄川については、天明二年に川底が過剰なくらいに高くなった。上流部の五箇山《ごかやま》（現富山県南砺市）で山崩れが起きたからだ。山から大岩、石、砂などが流れ落ち、ふたときばかり水をせき止めてしまう。それが決壊すると、石や砂がドッとあふれ出した。

石川郡と能美郡との間には、手取川が流れている。この川の中流部にたたずむ山あいに、能美郡仏師ケ野《ぶしがの》村（現石川県白山市）があった。これより二〇年以上前の宝暦七年に、この村の山が崩れ落ちたため、手取川を介して領内の耕地をひどく荒らした。

これをきっかけに、手取川も常に出水するようになる。安永三年（一七七四）には、さらに上流部の白山《はくさん》でも山が崩れ、川の水が数日もせき止められた。出水のときには、現在でも石や砂だけではなく、大石も残らず川下へ流れている。もはや以前の姿をとどめてはいない。

とにかく、年ごとに川の形状は悪くなり、今では田んぼよりも、川底の方が高い。したがって、諸河川では、上流から海辺際まで堤防工事をせざるをえない。そうしないと、川の水が増えれば、田んぼだけではなく、家屋までもが被害を受けてしまうからだ。

それを防ぐために土木工事をしようとしても、大石などが足りない。そのかわりに、鳥脚《とりあし》・竹籠などを使うように命じられた。でも、風雨で朽ち腐れてしまうから、かえって被害が大きい、と。なお、鳥脚・竹籠は、水の速い流れを防ぐため、タケ（竹）などを資材として製された構造物をさす。

水害の遠因

はたして、上流部の山崩れは、大雨がきっかけとなって起こったのか。

定検地奉行の調査から、九年後の文政二年（一八一九）のことである。「十村」とよばれる村役人を務めていた、石川郡の押野《おしの》村安兵衛《やすべえ》は、農政全般に関する意見書を藩に献じた。同書では、次のような危険性が訴えられている（石川県立歴史博物館所蔵「九代目安兵衛意見書」）。

近年、山々が伐り荒らされている。そのため、大雨のときには山は水を保てない。水があふれ出して、石や砂なども過剰に流れ出し、しだいに川が高くなっている、と。山から木が伐採されれば地盤が緩むので、大雨が降れば土砂は音をたてて流れ落ちるしかない。

この意見書の信憑性《しんぴょうせい》を確かめるため、五箇山の状況をとらえてみよう。町方では、燃料となる薪を自給できないため、外から購入せざるをえない。薪の需要があまりにも大きいので、五箇山の村々は、薪となるような木材を大量に川で下して現金収入を得ていた。薪を手に入れるがゆえに、五箇山では木々が伐り出されていたというわけである（高瀬保『加賀藩流通史の研究』）。

越中国の南東部に連なる立山でも、安永・天明期（一七七二〜八九）には、乱開発によって山の荒廃がすすんでいた（高瀬保『加賀藩海運史の研究』）。山肌がひどく荒れているところに大雨が降ると、土砂がいっきに川へ向かって流れ出す。これが起因して、川底が高くなっていたのである。大雨が、ひいては異常気象が、山崩れの根本的な原因と断じることはできない。

このような状況なので、さらに大雨が降れば、みるみるうちに川から水があふれ出す。田んぼは甚大な被害を受けるだけではなく、人家も濁流に呑み込まれるおそれすらある。つまり、土砂の視点からみれば、江戸時代のヒトは、彼らの気づかない、遠くて高い所にある山の開発に翻弄されながら、田んぼを守りきるしかなかった。

7　川

天下の広き、土地区々にして、旱損、或いは洪水等の憂いにて、いかん共すべからざるの土地は、国として多少なきにしもあらず、かくのごとき難地に五穀を作れば、必ず労して功なし

（『日本農書全集　第三五巻』）

■川の危険性

天下は広く、いろいろな土地があり、日照り、あるいは洪水などの憂いもある。どうにもできない土地は、国にも多かれ少なかれある。このような困難な地に五穀を作れば、必ず苦労をするだけで功はない、と。

近江《おうみ》国（現滋賀県）の百姓成田《なりた》重兵衛《じゅうべえ》は、養蚕の技術と経営を説くために農書『蚕飼絹篩大《こがいきぬぶるいたい》

成《せい》』を執筆した。江戸後期の文化一〇～一一年（一八一三～一四）のことだ。同書のなかでは、川が氾濫するような土地に五穀を作ることに対して、冒頭のように疑問がなげかけられていた。

大地を連綿と流れる川は、ヒト（人）に恩恵と試練をあたえる。川から用水路を引くなどすれば、ヒトに恵みの水をもたらす。その反面、川に近づくことによって、ヒトにとって思わぬ災難がふりかかることもある。

江戸前・中期に加賀平野で暮らした土屋又三郎も、川の危険性について警鐘をならす。彼の農書『耕稼春秋』（『日本農書全集　第四巻』）には、次のような語りがある。

村の立地には、里と川端とがある。里は安心して暮らせるものの、川端はそうではない。川の水が増したときに、村びとたちは総出で防水せざるをえず、目に見えて危険だからだ。水が氾濫してしまえば、家屋や田んぼが流失するなどの被害も大きい。そのほかに堤防工事などが着手され、百姓が苦労しているとの口伝えもある、と。

里と比べると、川端の村はメリットが多いわけではない。昔から、川端には水害という危険性が知られている。それなのに、百姓はあまり考えもせず、川のそばで暮らしていた。又三郎は、この点を憂慮していたのである。だが、それは仕方のないことだった。

新田開発がピークに達した江戸中期以降には、田んぼを広げようと思っても、そのような土地が少ない。だから、百姓たちは、危険な川のそばにあえて田んぼを造り、その近くに暮らさざるをえなかった。これはⅢ―6（土砂）でふれたとおりである。そこで加賀藩を例にしながら、川と面とむきあう江戸時代のヒトの姿をみていこう。

■「人の和」

川に関して、『耕稼春秋』には次のような記述がある。「天の時」は「地の利」にかなわず、地の利は「人の和」におよばない。これは当然のことだ、と。又三郎は、治水において、「天の時」よりも「地の利」、「地の利」よりも「人の和」を重視していた。

はたして「人の和」さえあれば、思いのまま水をコントロールできるのか。まず「天の時」が何をさすのかといえば、ここでの「天」とは空から降ってくる雨水といえようか。湿田ならば水の心配はない。でも、水はけの良い乾田ならば、雨水に頼らざるをえない。田んぼに水を張れるかどうかは、まさに「天の時」というわけである。

その「天の時」を克服するためには、水源を保ちつつ田に水を引き入れればよい。ただ、大河に堤防を築いてまでして用水路を引くことには、それほど賛同できない。川が氾濫して堤防が切れたときに、復旧するのに多くの労力を要するからだ。はたして、どのような川から水を引けばよいのかといえば、そのポイントが「地の利」なのである。

「地の利」とは、川の勾配をさす。城下町金沢を流れる犀川のように、山から海へ向かって平均的に勾配がついていれば、川の流れも安定している。このような川は利水の便が良い。一方、越《えち》前《ぜん》国（現福井県）を流れる九頭竜川のように、平野部で勾配がなく、ゆったりとした流れの川もある。そのような川の流域では、上流から大量の水が押し寄せてきたときに、水をはかしきれず、堤防は崩れてしまう。

非常事態で必要となってくるのが「人の和」である。川が氾濫しそうなときに、役人や村びとたちが急いで力をあわせて工事をすすめたとしよう。そうすれば、なんとかヒトの力で洪水を防ぎきれることもあるからだ。

■堤防工事の資材

とはいえ、又三郎は、「人の和」さえあれば、洪水を防げると言っているのではない。『耕稼春秋』によれば、次のような難局は乗りきれないとあきらめている。

堤防が少し破損したときに、奉行と下流域の村々がすばやく修理をする。そのうえで領主が工事を施せば、ヒトの力で水難を免れられるものである。もっとも、水門から水が入り込んでしま

図　「耕稼春秋」より犀川を渡る武士たち
（西尾市岩瀬文庫所蔵）

えば、ヒトの力ではおよばない、と。

「水門」とは、川から用水路を引くために設けられた取水口をさす。川が増水して取水口に水圧がかかり壊れてしまえば、そこから村の方へ濁流がごうごうと流れ出す。江戸時代の土木技術では、堤防が決壊したら打つ手がない。又三郎はそのように理解していた。

この土木技術の問題について、もう少しせまってみよう。図において、武士団一行が渡っている橋の下に、よどみなく流れているのが犀川である。この川の流れが安定しているとはいっても、水流そのものは速い。図の橋脚の辺りに、幾重にも波が立っていることが、そのことを裏づけていよう。

流れが速いということは、水圧が強くなるということでもある。少しでも水圧を抑えるために、土手が延々と築かれた。さらに、図の右下のように、蛇籠を並べることによって、川の氾濫を防ごうとした。

蛇籠は木などで編まれ、その中には石がぎっしりと詰められている。このような構造物を製するには、石の重みに耐えられるような、より強度のある資材を使わなければならない。江戸中期の享保一七年(一七三二)に、加賀藩はそのためのマニュアルを定めていた(金沢市立玉川図書館近世史料館所蔵「犀川浅野川々除御普請之様子幷私共勤方之帳」)。

同書によれば、堤防工事の資材として使われていたのは根苧《ねそ》であった。根苧とは、粘り気の強い木をさす。この木にも上・中・下のランクがあり、上級の資材の一つとされていたのがマンサク（満作）だった。

マンサク科の落葉小高木であるマンサクの木をねじると、強くてしなやかで緩まない。よって、骨組みを束ねるために使用されていた。なぜ入手しやすいタケ（竹）を蛇籠で使用しなかったのかといえば、日本在来のマダケ（真竹）では、細すぎて強度が低かったからである（前掲『近世砺波平野の開発と散村の展開』）。

■貧民の仕業

百姓に寄りそった加賀藩士の一人に、寺島蔵人《てらしまくらんど》がいる。文化八年から、彼は定検地奉行として農政に力をつくす。彼の事績から、江戸後期の川とヒトとのありようをとらえることにしたい（前掲「文化期の気候と加賀藩農政」）。

蔵人が本格的に取り組んだ課題が、まさに堤防工事なのである。翌九年に彼は、諸河川の実状をふまえて、みずからの考えをまとめた意見書を藩に提出した。その内容について、いくつか例をあげることにしよう。

はじめに、水の速い流れを防ぐために置かれていた竹籠や鳥脚といった構造物についてである。これらが奪い去られて、堤防が壊れていた。この現状について、蔵人は次のように説く。竹籠や鳥脚の資材として使われているタケなどが、少しでも古くなったとしよう。そうなれば、幼少の者などが持ち去っていく。むろん、新しいと折れないので奪えない。庄川では、それを防ぐために番人をつけているほどだ。なぜタケなどが必要なのかといえば、薪が不足しているからであり、まったく貧民の仕業である、と。

社会に根深くはびこっていた貧困問題が、工事の足かせになっていた。これでは、貧富の差を解消しなければ、せっかく築いた堤防が水泡に帰してしまう。どうすれば、この難題をクリアできるというのだろう。

■ヒトの土木技術のレベル

つづいて、往古とちがって、今の工事費用がかさんでいる原因についてである。蔵人の意見書によれば、その一因には、次のようなコストの問題がからんでいた。

かつては、工事をする現場も少なく、竹籠の資材としては、価格の安い根苧を使っていた。ところが、構造物としては、タケよりも強度が低いという弱みもあった。そこで近年は、より強度の高いタケを用いるようになったため、コストがふくらんでいる、と。

このタケは、マダケではなく、モウソウチク（孟宗竹）とみてよい。その歴史については、以下のことが詳らかになっている（前掲『近世砺波平野の開発と散村の展開』）

一八世紀前半に、中国（清）から九州南部の薩摩藩にモウソウチクが伝来し、この丈夫なタケが国内に広まっていく。庄川でも、江戸後期の寛政期（一七八九～一八〇一）頃から使われるようになった。けれども、越中国だけでは不足したため、能登国から手に入れるようになった。天保（一八三〇～四四）末期からは、遠方の長門国から移入されたという。

堤防を築いても、川の氾濫を防ぐどころか、それをメンテンスするだけでも一筋縄ではいかなかった。スクラップ・アンド・ビルドを繰り返し、建造物を維持するためのコストも重くのしかかる。そればかりか、「天の時」「地の利」「人の和」という思想にも頼らざるをえない。

これが、川という視点から浮き彫りになった、江戸時代のヒトたちがもつ土木技術のレベルなのであった。

8 天災

> 不作・凶作時節至来《(到)》、是非に及ばず天災なれば、面々心がくるほか他事なし
>
> (『日本農書全集 第三七巻』)

■天災とは何か

不作・凶作がおとずれるのは、どうしようもない「天災」なので、各自がそのように心がけておくほかはない、と。

江戸後期の天保一〇年(一八三九)に、陸奥《むつ》国安積《あさか》郡片平《かたひら》村(現福島県郡山市)で『伝七勧農記《でんしちかんのうき》(農事観察記)』が著された。この農事記録によれば、イネ(稲)は雨が多くても、天気が悪くてもたいていは実る。だから、ヒト(人)のいのちを助ける穀物である、と称讃されていた。

冒頭のような憂いには、同情を禁じえない。なぜなら、『伝七勧農記』を執筆しているさなか、

著者の柏木秀蘭《かしわぎしゅうらん》は天保期（一八三〇～四四）に起こった凶作を経験していたからだ。もう一人の声にも耳をかたむけてみよう。

下野国《しもつけ》河内郡《かわち》大室村《おおむろ》（現栃木県日光市）の村役人を務めた関根矢之助《せきねやのすけ》もまた、天保の飢饉の体験者であった。農家に凶作・飢饉への警戒を呼びかけるため、幕末の慶応二年（一八六六）に、彼は『農家用心集《のうかようじんしゅう》』を執筆した。

同書では、万民が贅沢にふけるようになると「天災」が起って民を苦しめる、と戒められている。さらに、次の昔語りが託された。

> 老人の噂に、三年の飢饉に逢うとも、一年の乱世に会《遭》わぬように
>
> （『日本農書全集　第六八巻』）

老人の噂では、たとえ三年の飢饉に襲われたとしても、一年の戦乱に遭わないように、と。泰平な世であっても、その恩恵を忘れないようにするために、このような古老の話が伝えられたわけだ。裏をかえせば、飢饉は戦争につぐほどの災難とみなされていたのである。

天災とは何か。現在のわたしたちであれば、自然によって一方的にもたらされる災い、たとえ

ば地震や津波などの天変地異をイメージしやすい。逆に、江戸時代を生きた百姓たちに尋ねたとしよう。おそらくは、「凶作や飢饉が起こること」と答えたのではなかろうか。

この点について、これから加賀藩をとらえていく。悲惨な凶作に見舞われた天明期（一七八一～八九）に焦点をあわせたい（拙稿「天明期の凶作と砺波平野」）。

■天明三年

宮永正運は、江戸中・後期に砺波平野で過ごした富農である。農書『私家農業談』（『日本農書全集　第六巻』）をとおして、彼は次のように言祝いだ。加賀・越中・能登の三か国では、米穀から海産物にいたるまで、なにひとつ不自由することはない。万民がその恩恵にあずかっていることは、誠にありがたいことだ、と。それでも肩をおとした。

去る天明三年は、初夏から天候不順が続いたため、青田に害が生じた。そのうえ、七月一〇・一一日には水害が三か国を襲う。川端の村々では五穀が残らず水没し、秋には一粒も収穫できる術がなかった、と。

天明期が冷夏であったことは、つとに知られていよう。これに天変地異もかさなった。上野国（現群馬県）と信濃国（現長野県）にまたがる浅間山が、大噴火を起こしたのだ。世にいう浅間焼けである。

城下町金沢では、六月一六日の夜から東方で山鳴りが始まり、それから一日のうちに何度も鳴りだした。七月二日からその響きは大きくなり、誠に恐ろしい鳴動が一二日まで続く。これに雨が追い討ちをかけた。七日から雨が降り、一一日には北国筋の川や用水路の水があふれ出す。そのため、各地の橋は残らず落ち、川や山の崩れも多発した。

この年の作況は、どうしようもないくらいに悪かった。一一月に藩の農政を担う改作奉行は、百姓が年貢米を納めるにあたって配慮させた。実りの悪い米が交じっていたからである。それどころか、雨天がちであったため、うまく乾燥させることができず、米の品質も劣っていた。

翌月に藩の財務を司る算用場奉行は、今年は領内一体で「凶作」のため、米が他所へ流出することを防ぐことなどを指示した。なにより、食いつないでいくことが肝心である。よって、村方では、いつものように雑穀などの粗食を油断なく摂るように、とも言い渡した。

結局、加賀藩から幕府への届け出によれば、この年の損耗高は八一万石あまりに達した。これは、その額の米が損失したというよりは、その石高分の耕地が被害を受けたとみてよい。食糧危機に陥っていたことがみてとれる。

■天明四年

翌四年も、気候は不安定さを増していた。正運が暮らす越中国砺波郡では、凶作を乗りきることができたのか。

いったん凶作に陥ると、翌年に作物が獲れるまでの端境期が苦しい。そこで三月には、領内各所の蔵から米が貸し渡された。さらに村方には、疫病のために息を引きとった者の人数を調べあげ、藩に報告するように、との指令がとばされた。その期間はわずか一〇日しかない。流行している疫病に、藩が危機感をいだいていたことがわかる。

五月にはいると、藩は疫病対策に本腰をいれる。すぐに、越中国に対して二五〇〇石の米を施すことにした。それのみならず、疫病除けとして「避邪丸」という薬を配布することも決める。その数量は、砺波郡だけで約五万二〇〇〇粒にいたった。

やがて実りの秋をむかえる。八月に算用場奉行は、農村を管轄する郡奉行などに指示した。今年の作柄は良いし、新米も例年より早く実っている。だから、古米を貯えておく必要はなく、他国への移出も認める、と。この年の気候は不安定であった。だが、秋には豊作をむかえて、食糧危機を脱することができたのである。

『私家農業談』において、正運は次のように藩政を称えた。天明四年の春から夏にかけて、町方・山方を救うために、約一九万三〇〇〇石の米が施されたと聞く。このように大量の米が支給されたことは、唐（中国）といえども、容易にできることではない、と。

一九万石以上の米が支給されたのか、その真偽はわからない。それでも、村々に対して米の施しがあったことは、砺波郡の動向から明らかである。

凶作の根本的な原因

凶作の発端となったのは、天明三年の水害であった。その主たる原因は、七月上旬に大雨が降ったことである。はたして、大雨が、ひいては異常気象という自然の働きかけが凶作の根本的な原因だったといえるのか。

すでに、Ⅲ－6（土砂）で述べたことだ。天明期には、山々で木の伐採がすすんでいた。そのため、大雨が降れば山から川に向かって土砂が流れ落ち、それが川底を高くしていた。天明三年においても、このような状況下で大雨が降った。だからこそ、みるみるうちに川の水位が増して、田んぼが濁流に呑み込まれたのである。

作付けされていたイネの品種にも目をむけてみよう。表には、正運が調べた砺波郡の品種を示

表 寛政元年（1789）頃の越中国砺波郡の米品種

分 類	銘 柄				
早 稲	六八日	坊至早稲	毛早稲	赤早稲	津軽早稲
	葉広早稲	河内早稲	黒早稲	陰早稲	石太郎早稲
					10種
中 稲	鍋島	赤鍋島	早子崎	彼岸坊至	白しんば
	赤しんば	黒しんば	目黒しんは	甲州しんは	**五郎丸坊至**
	毛白川	**根坊至**	黒白太郎	**石太郎坊至**	能登時行
	毛しんは	上野しんは	犬ノ毛	**大和時行**	**屋とめ**
	相竹	庄川坊至	石白	紅葉時行	
					24種
晩 稲	小 黒	竹 松	横 谷	鼠時行	小白川
	より穂	大白葉	小白葉	黒小崎	出白
	黒川	加賀坊至	狐時行	地崎子崎	蝌田子崎
	上野子崎	伊勢時行	ほとなし坊至	五歩壱	三七郎坊至
	朝 日	皆済坊至	神田子崎	晩出白	皆 本
	乱子崎	深江坊至	赤子崎	白子崎	毛白子崎
	みとろ子崎	**岩本弥六**	万 倍		33種
糯	早稲もち	甘 糯	張子糯	へちはり糯	目黒糯
	からす糯	毛もち	こされ糯	三七郎糯	白葉もち
	彼岸糯	唐 干			12種
合 計					79種

出典：『日本農書全集　第６巻』（農山漁村文化協会、1979年）により作成。
註１：太字は上質の米。これらのほかに「屋とめ坊至」もある。
註２：大唐米として、「早大唐」「中稲太唐」「白太唐」「晩稲太唐」もある。

した。合計七九種のうち、晩稲が三三種ともっとも多く、早稲が一〇種ともっとも少ない。それほど晩稲の需要が大きかったのだ。現に、これより数十年前の宝暦期（一七五一～六四）の段階で、砺波平野では晩稲が広まっていた（鎌田久明『日本近代産業の成立』）。

早稲と比べると、晩稲は収量が多いし、品質も高いメリットがある。一方、早稲のメリットは、もとより収穫期が早いことである。そこで、早稲の田植えから稲刈りまでの期間に注目してみたい。

表に示した「六八日」が、最短で五〇日あまりである。そのほかの早稲でも、ほとんどは八〇日ばかりである。四月上旬に早稲の田植えが始まっていれば、遅くとも六月下旬には刈り取られていたことになろう。

要するに、七月上旬に大雨が降ったとしても、早稲であれば、この時点で収穫が済んでいた。天明三年の水害は、晩稲という品種に依存したがゆえに抱え込んだ、いわば〝晩稲リスク〟に起因していたのである。

このようにみてくれば、天明三年の凶作は、百姓の判断で、どのようなイネを植えていたのかが根本的な原因であったと評すことができる。すでにⅠ―5（イネ）でふれたように、それは飢饉でも同じでことあった。

天災という視点からみると、江戸時代のヒトは、凶作や飢饉を自然がもたらす災いとみなしていた。でも、それは思い違いをしているだけで、きわめて「人災」だったといえよう。でも、それは百姓だけの責任ではない。Ⅰ―1（気候）・5（イネ）を思いかえしてほしい。

江戸時代の頃、地球上そのものが冷涼であった。それにもかかわらず、温暖な気候に適した稲作を百姓たちに強いた、社会のしくみにこそ問題があったとみるべきだ。そういう点もふくめて、凶作や飢饉は人災だったとみなせる。

コラム3　ヒトと自然の琉球史——田んぼの生態系

> 稲刈り後、魚・鰻取《獲》るなどに畦切り損じ候わば、旱差し当たり候節、耕すべき様成り難く、時節取り失い申すべく候間、右の仕方差し留めるべきこと
>
> （『日本農書全集　第三四巻』）

水辺の生き物

稲刈り後に、魚やウナギ（鰻）を獲るなどして、畦を崩すことがある。そうすれば、日照りのときに耕すことができず、農業のタイミングものがしてしまう。だから、漁撈はやめなさい、と。

農書『農務帳』によれば、琉球でも百姓が田んぼの魚を食べていたことがわかる。田んぼとそのまわりの生き物を、もっと探してみよう（拙著『茶と琉球人』）。

琉球の行政区画を「間切《まぎり》」とよぶ。現在の浦添市も、その前身は浦添間切である。間切の役人たちは、「番所《ばんじょ》」と称される役所に詰めていた。図1には、昭和一〇年（一九三五）頃の浦添村役場の写真を示した。瓦屋根の村役場は、番所時代の建物を転用したとみられている。

浦添間切では、水の中にどのような生き物がすんでいたのか。一八四五年に、どの間切が王府に野菜や魚などを納めるのか、その場合はいくら支払われるのかなどが定められた基本台帳が作成されている。この帳簿には、浦添間切において、コイ（鯉）・フナ（鮒）・ドジョウ（泥鰌）・タニシ（田螺）・エビ（蝦）・モクズガニ（藻屑蟹）の名が記されている。

図2には、浦添市にある沢岻《たくし》イリヌカーを示した。「カー」とは、地下水の湧き出る泉や井戸のことをさす。首里から近い沢岻には、王府からフナ、エビ、ウナギなどの調達が命じられた。それが突然であることから、村人はあらかじめ、この井戸の中にこれらを飼っていたという。

鷹狩

鳥たちも、大空から田んぼに降りてくる。たとえば、スズメ（雀）は種籾をついばみ、サギ（鷺）は魚やカエル（蛙）を食べていたことだろう。鋭い爪をもつ猛禽《もうきん》が飛んでいたことも忘れてはならない。ハヤブサ（隼）はスズメなどの小鳥も捕食していたのではなかろうか。

ところで、日本本土では、上級武士がタカ（鷹）を飼っていた。琉球の場合はどうだったのだろう。以下、鷹狩をめぐる事情もおさえておく（拙稿

図１　浦添村役場
（浦添市立図書館所蔵）

図２　沢岻イリヌカー（西のカー）
（筆者撮影）

「琉球の鷹狩儀礼と生態系」）。

琉球の士族層では、基本的に鷹狩は根づいていなかった。現に、王府の組織のなかには、鷹狩に関する役人の姿が見られない。だからといって、鷹狩と無縁だったわけでもない。

一六七六年に国王の世子であった尚　純《しょうじゅん》が、のちに薩摩藩主になる島津綱貴《つなたか》からタカを拝領した。そのタカは琉球へ持ち帰られることになり、鷹狩が執り行われてもいる。一時的には、タカが飼われることがあったとみてよい。

将軍が鷹狩で獲ったツル（鶴）が薩摩藩主に下賜されると、琉球国王はそれを祝うために藩主へ献上品を贈った。薩摩藩主が鷹狩によってツルを獲った場合には、塩漬けにされて琉球へ送られ、王府内で振る舞われることもあった。ツルの生態や食用に供されていたことをふまえれば、琉球へ贈られたのはナベヅル（鍋鶴）かマナヅル（真鶴）だろう。

生態系は今

沖縄島には、もともとツル・ハクチョウ（白鳥）といった大型の鳥はすんでいない。それに、狩りをするために、士族層も日常生活ではタカを飼っていなかった。そのため、本土とはうって変わって、ヒトとは別にハヤブサが高次の捕食者として生態系の頂点にたっていた。ここに、歴史・自然の両面における、琉球の生態系の特色を見いだせよう。

はたして現在はどうなのかといえば、浦添市では宅地化が進み、田んぼの広がる光景は見られない。川は流れているものの、その中で泳いでいるのはティラピアやグッピーなどの外来種である。これらは沖縄島の自然にとって、もはや〈帰化〉している。大空を舞うハヤブサの雄姿も、ほとんど目にすることができない。

琉球の生態系は様変わりして、今の沖縄島では消え失せてしまった。ひょっとしたら、その原因は美田を失ったこと、いやヒト（人）にあるのかもしれない。おそらく、琉球の生態系を取り戻すことは難しい。今の沖縄島を取り巻く自然をどのように受けとめればよいのか。自然のまなざしから、わたしたちヒトの生き方を見つめなおす必要がある。

エピローグ　どのように人類史をとらえればよいのか

1　田んぼをめぐる人類史

稲魂《いなたま》みのら（実）ざる時は、万民飢餓に苦しみ、国家治らず、故に米《よね》というは、世の根という略語なり

（『日本農書全集　第三七巻』）

■米は「世の根」

イネ（稲）が実らないと、万民が飢餓に苦しみ、国家が乱れてしまう。ゆえに、「米《よね》」というのは、「世の根」を略した語句である、と。

陸奥国安達《あだち》郡外木幡《そとこはた》村（現福島県二本松市）の百姓郷保与吉《さとほよきち》は、農書『田家《でんか》すきはひ（ぎ）（わ）（い）袋《ぶくろ》　耕作稼穡《こうさくかしょく》八景《はっけい》』をまとめた。みずからの農業経験を伝えるためである。筆をとったのは、幕末の安政四年（一八五七）頃とみられる。

さて、本書のねらいは、ヒト（人）の永い歴史の線の隣に、いろいろな自然の歴史の補助線を引くことであった。そのために注目したのが江戸時代である。江戸時代には、今と同じように、見渡すかぎり田んぼの広がる光景が出現した。だから、イネは社会が経済成長を成し遂げる一因にもなった。冒頭において、イネに賛辞がおくられていたことが、それを物語っていよう。

そこで本書では、ヒトとしては、江戸時代の社会をささえた、イネを育てる百姓の歴史の線を引いた。その隣に、Ⅰ（田んぼとそれを取り巻く自然）では気候、土、水、さらにイネなどの作物について、Ⅱ（百姓のまわりの生き物）では家畜、淡水魚、鳥といった生き物について、Ⅲ（刃を向ける自然）では獣、虫、天災などについて、次々に歴史の補助線を引いていった。

こうして、補助線の方から、いいかえれば自然のまなざしから江戸時代のヒトを覗いてみた。すると、自然に対して強くもあり、弱くもあったヒトのありようが垣間見えたのではなかろうか。つまるところ、それは「生き物としてのヒト」のリアルな姿ともいえよう。

さらに、人間社会が抱えていた難問も浮かびあがってきた。そのうち、いくつかの問題群に焦点をあわせる。そうすることで、ヒトを取り巻く自然の視点から、人類がたどってきた、どのような歴史が映し出されるのかについてもまとめたい。

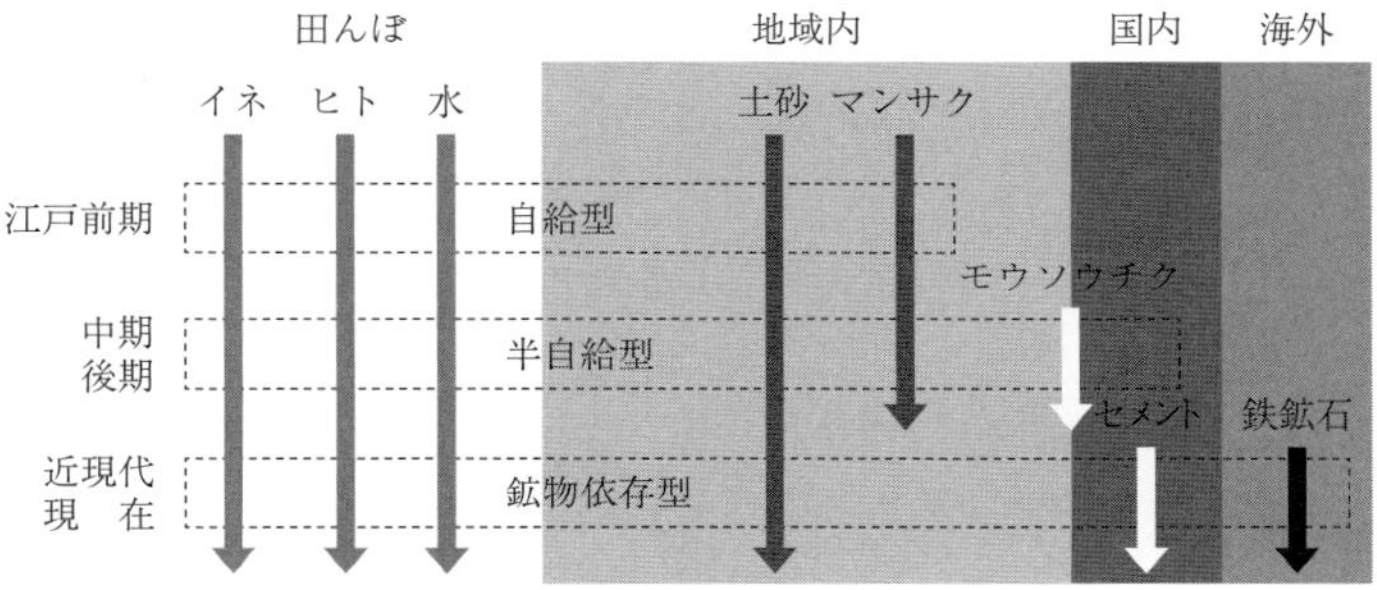

図1　田んぼの治水をめぐる人類史の概念図

■治水をめぐる人類史

図1には、田んぼの治水をめぐるヒトと自然との結びつきの強さを表わしている。縦には江戸前期から現在までの時間軸を、横には地球という空間軸を田んぼ、地域内、国内、そして海外と四つに区分して示した。「地域内」とは、本書に即せば加賀藩とみなしてほしい。

田んぼで稲作を営むために、江戸時代のヒトは川の水をコントロールしていた。そのためにヒトは、どのような自然と結びついていたのか。Ⅲ—7（川）の続きを確かめておく。

加賀藩では、川の流れを少しでも抑えるために、土砂で堤防を築くだけではなく、川の流れを緩やかにし、土手を守るために蛇籠などが並べられた。そのために、江戸中期までは、おもにマンサク（満作）という木が使われていた。地域内の資材が用いられていたといってよい（自給型）。

一八世紀前半に、中国から薩摩藩にモウソウチク（孟宗竹）が伝えられると、丈夫なこの資材が国内に広まっていく。ところが、加賀藩だけではモウソウチクが乏しいため、江戸後期には、領内からかけ離れた長門国から移入されることになった（半自給型）。

近代にはいると、明治政府が治水に力をいれて、川の流れを自由にコントロールできるような技術が導入された。こうして現在まで川の整備がすすみ、堤防はコンクリートや鋼で頑丈に固められている。水害を減らすため、上流にはダムが建設され、そこに貯め込んだ水は農業用だけではなく、水道用・工業用・発電用としても使われている（大熊孝『増補　洪水と治水の河川史』）。

現在、コンクリートのもとになるセメントは、ほぼ国内で調達できている。しかし、鋼の主原料である鉄鉱石は、すべて輸入に頼っている（鉱物依存型）。図1からは、治水めぐるヒトの働きかけが、地球的規模に広がっていくありさまが浮かびあがってこよう。

虫害をめぐる人類史

図2には、田んぼの虫害をめぐる人類史を示した。イネは、ヒトによって育てられている。でも、ウンカ（浮塵子）などの虫もイネに付くので、ヒトと虫とがせめぎあう。これに関して、Ⅲ—4（虫）・5（クジラ）の続きをみておきたい。

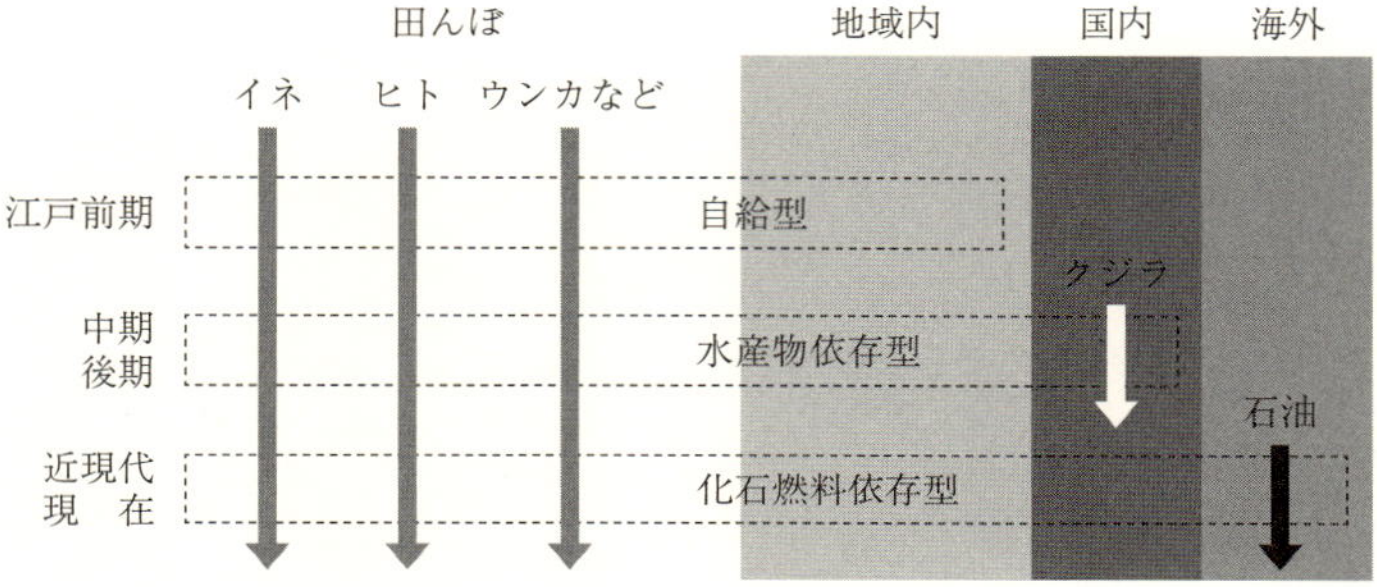

図2　田んぼの虫害をめぐる人類史の概念図

江戸時代には、虫送りが行われていた。松明の煙で虫を追い払うことは、少しは効き目があっただろう。だが、この方法で虫害をすべて防げるわけではない（自給型）。

江戸中期からは、田んぼの水面に少しだけ油を落とす、注油駆除法が注目されていく。その油としておもに利用されていたのが、クジラ（鯨）から採られた鯨油であった。虫害を防ぐために、クジラという大海原の自然に依存することになったのである（水産物依存型）。

近代以降は、次のようにまとめられる（前掲『害虫の誕生』）。注油駆除法が用いられるものの、その油は輸入品の石油に替わってしまう。さらにアジア・太平洋戦争（一九四一～四五）でマラリアなどの病気が発生したことから、アメリカは殺虫剤ＤＤＴを大量に生産・使用する。こうして戦後の日本でも、農薬を使って虫を根絶するようになり、田んぼから生き物の姿がしだいに消えていった。

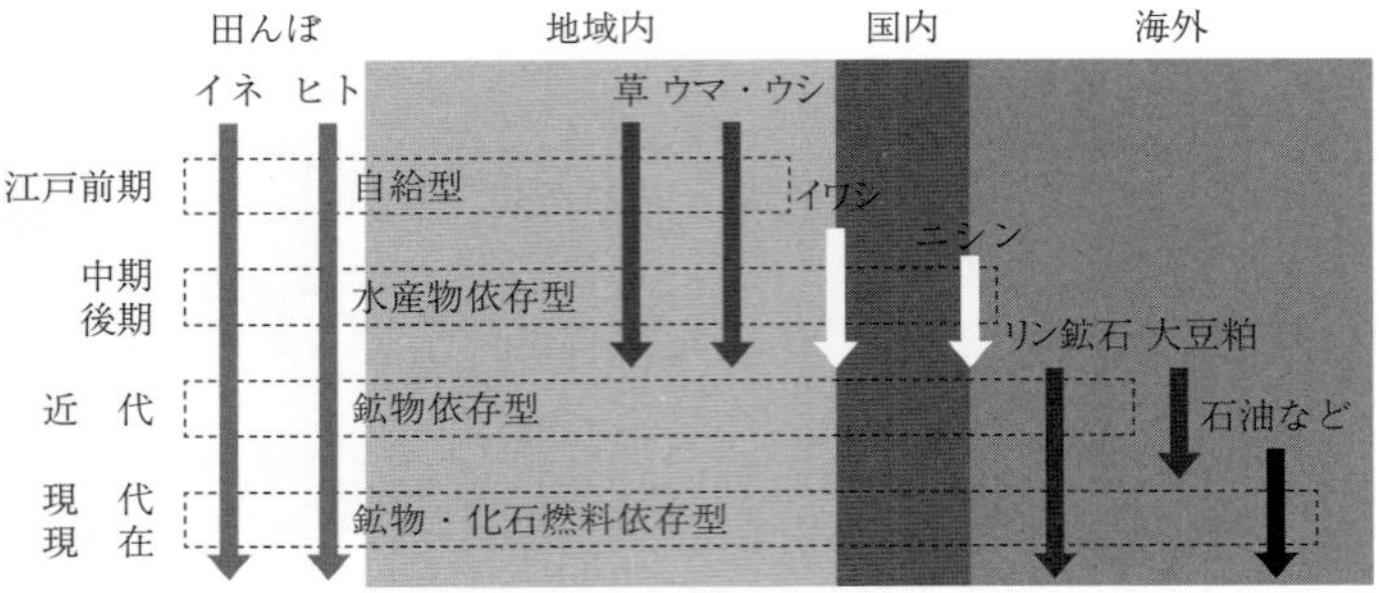

図3　田んぼの肥料をめぐる人類史の概念図

現在、農薬の原料のほとんどは石油から生産されている（化石燃料依存型）。虫と闘うため、ヒトの自然への働きかけが地球的規模に広がったのは、図2から明らかである。

肥料をめぐる人類史

ヒトがイネを育てるためには肥料も欠かせない。これに関して図3を示した。Ⅰ―4（草）・Ⅱ―1（ウマ）・2（ウシ）・Ⅲ―1（イワシ）・2（ニシン）の続きを示す。

江戸前期から中期までは、おもに人糞・草肥・厩肥というように、地域内の自給肥料が使われていた（自給型）。耕地面積がほぼ倍増した江戸中期以降には、日本近海を回遊するイワシ（鰯）や松前・蝦夷地で獲られたニシン（鰊）が、魚肥として加工されて使われていた（水産物依存型）。

近代にはいると、以下のように新たな肥料が次々と登場する（前掲『稲作の技術と理論』）。価格の高くなった魚肥にかわって、明治二〇年代（一八八七～九六）以降は中国から大豆粕が輸入されていく。だが、明治二七年に日清戦争が勃発すると、大豆粕の輸入が一時的に途絶える。さらに北海道のニシンも不漁が続いたため、化学肥料の需要がしだいに高まっていった。

その化学肥料についてみると、明治一〇年に開校した駒場《こまば》農学校では、田んぼを用いた肥料試験が行われた。こうしてイネの生産力を飛躍的に高める肥料の原料として、燐酸《りんさん》が明らかにされる。明治二〇年代からは、輸入されたリン鉱石を原料とした過燐酸石灰の製造も始まった（鉱物依存型）。さらに硫安など、いろんな化学肥料の需要が大きくなっていく。

現在、化学肥料の原料は、石油・天然ガスもふくめて、すべて輸入に大きく頼っている（鉱物・化石燃料依存型）。この点をふまえたうえで、あらためて図3を見てみよう。田んぼを守るために、肥料をめぐるヒトの働きかけが、地球的規模に広がっていく流れが一目瞭然となる。その反面、従来からの自給肥料や魚肥がはたす役割は、しだいに小さくなっている。一例をあげると、草の多くは、ただ「雑草」とみなされているにすぎない。

ヒトの線を引き、その隣にイネをはじめとした自然の補助線を次々に引いていく。こうして明らかになったのは、田んぼをめぐるヒトの自然への働きかけが、地域内どころか、国のレベルを超えて、地球的規模に広がっていく人類のあゆみなのであった。

2　人類史の検証方法

■未曽有の難問

本書のもうひとつのねらいは、現在の人間社会が抱える難問を読み解き、これから先もヒト（人）の歴史の線を永く伸ばすためのヒントを見いだすことであった。

未曽有の「難問」といえば、まずは新型コロナもふくめたパンデミックの克服があげられる。そのことを念頭において、Ⅱ―２（ウシ）では牛疫ウイルスの歴史をとりあげた。でも、ここでの難問とはそれではない。なにを隠そう。まさにそれは、今から一〇年以上も前に起こった三・一一なのである。

周知のように、三・一一の始まりは、三陸沖で発生したマグニチュード九・〇の地震によって、東北・関東地方を中心に大災害が生じたことである。国内観測史上、最大の大津波は、巨大な堤防をいとも簡単に乗り越えた。それればかりか、無残にも多くのいのちを奪い去った。すかさず東京電力福島第一原子力発電所が損傷し、大量の放射性物質が漏れ出した。それからわたしたちが何ともいえない暗い気持ちになり、その酷薄さに気がふさいだ。これに素知らぬ顔はできないし、思考をとめてもならない。

この未曽有の難問は、大きく二つに分類できるのではなかろうか。天災と人災である。

地震や津波などは、自然がヒトに対して一方的に損害をあたえるのだから天災といえる。三・一一をとおして身にしみて知ったのは、今後もヒトはいつどこで天災に巻き込まれるのかがわからないという、痛々しい現実である。

これに関しては、すでにⅢ─8（天災）でとらえた。江戸時代の天災といえば、百姓たちの認識によれば、凶作・飢饉に陥ることだった。なぜ今では、地震・津波などの天変地異をイメージするのだろうか。

これについても、すでにふれた。今の日本では、治水・虫害・肥料の面において、地球的規模の自然に働きかけることで、なんとか田んぼが守られている。だからこそ、江戸時代には、ヒトの力ではどうすることもできないとあきらめていた天変地異が、甚大な災いとして、わたしたちの眼に映っているのかもしれない。

これからも、地震・津波などは、予期せずに起こりうる。少しでも減災をするには、地球そのものにも歴史があるという意識をもつことが肝要なのだろう。

他方で、三・一一の原発事故は、ヒトがそれを建造したことで起こったので、きわめて人災といえる。人災は、ヒトがきっかけで生じる。そうであれば、ヒトが全力でもってすれば、防ぐことができるかもしれない。いや、どうにかして防がなければならない。そのために、エネルギー問題の人類史をおさえておく。

■江戸のエネルギー源

現在では、機械・車・鉄道・船などが動力となって、社会がささえられている。そのおもな動力源は、化石燃料や原子力エネルギーである。他方で江戸時代においては、動力源は人畜力・風水力に頼っていた。ヒトやウマ（馬）、ウシ（牛）などの人畜力を使って農業が営まれ、畜力は物資を運び、風力・水力は船を動かした。この動力の規模について、江戸時代と現在とを比べてみよう。

ウマの力をあらわす馬力は、ウマ一頭に相当する仕事率もあらわす。一馬力とは、一秒間で七五キログラムの重さの物を一メートル動かす仕事量にあたる。あるメーカーのトラクターをみると、最小でも十数馬力、最大では一〇〇馬力を超す。これらを使いこなす現在の農家と比べると、江戸時代の百姓は、ウマ一頭を使いこなすだけでも精一杯だった。この時代の動力は、それほど

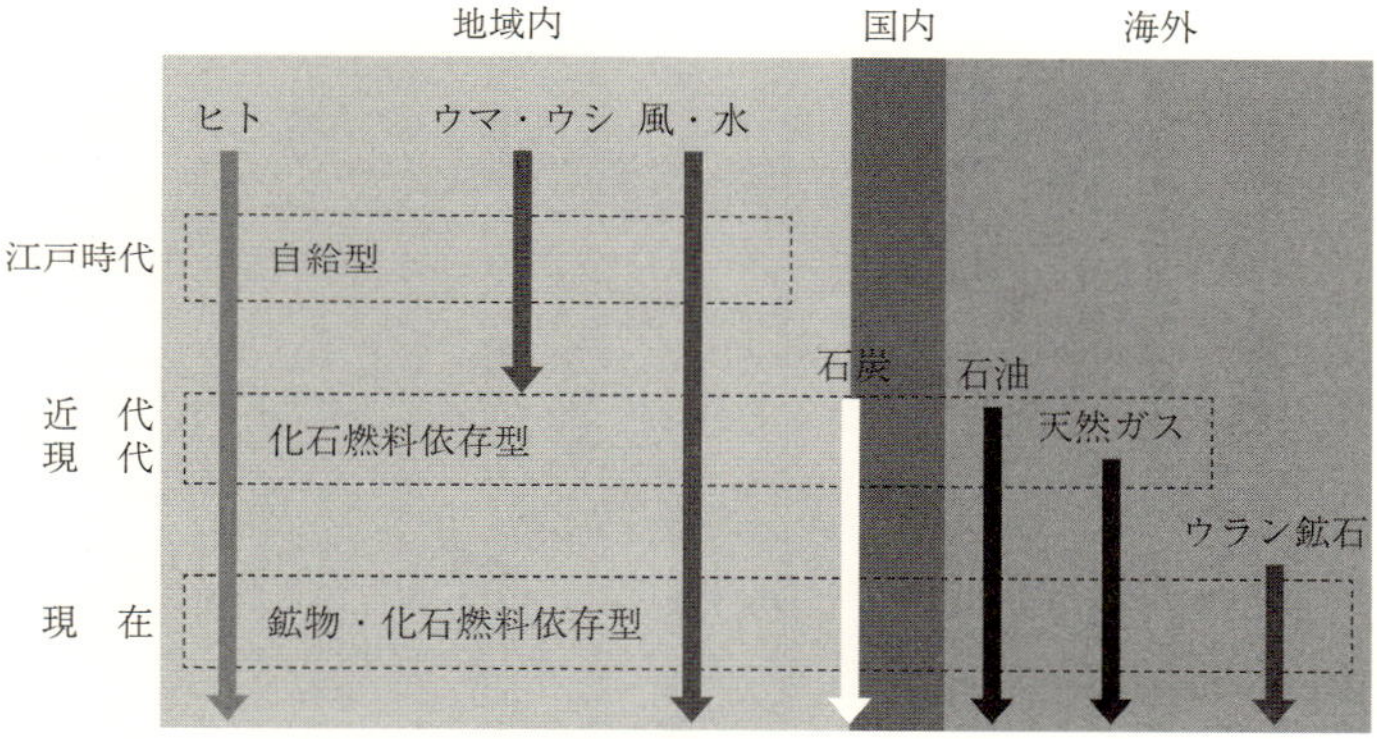

図　エネルギーをめぐる人類史の概念図

小さい。

よって、江戸時代の社会は、化石燃料や原子力エネルギーに多くを依存する現代の社会とは、文明史的にまったく異質といえる（水本邦彦「人と自然の近世」）。

■エネルギーをめぐる人類史

この事実をふまえたうえで、エネルギーをめぐる人類史を図に示した。

江戸時代には、人畜力・風水力というように、地域内の動力源を用いていた（自給型）。近代にはいると新たに石炭や石油がくわわり、現代からは天然ガスも多く用いられている（化石燃料依存型）。そして今では、ウラン鉱石から原子力エネルギーを得ていることはいうにおよばない（鉱物・化石燃料依存型）。

人類は、地球的規模の自然に強く働きかけることで、エネルギーを確保してきた。図からは、この点がよくわかる。その結果として、ヒトは、みずからの体に危険なウランに手をだした。むろん、原子力エネルギーは、人間社会の役にたつ。ただ、それがコントロールできなかったことにより、三・一一の原発事故が発生した。

つまり、ヒトというのは、より快適な暮らしを実現するために、地域レベルを超えて、地球全体のいろいろな自然に働きかけていく生き物だということだ。現に、すでに確かめたように、田んぼでさえも、そのような歴史をあゆんできた。とはいえ、ヒトの圧力が強まる一方であれば、ヒトを取り巻く自然がむしばまれる。そのあおりを受けて、最悪の場合には、ヒトそのものが生存していくことも危ぶまれる。原発事故が、その顕著な例といえよう。

人類のあゆみを少しでも自制しなければ、ヒトと、それを取り巻く自然、ひいては地球に未来はないのかもしれない。これを防ぐ手立ては、まだ何かあるのか。歴史学の立場から、この点について考えてみよう。

■ヒトも地球上の自然の一つ

これまでの内容から「生き物としてのヒト」の姿も露わになっただろうか。そうであれば、ヒトも自然の一つ、とみなすことを忘れてはならない。実際、I―2（土）でみたように、江戸時代のヒトもそのようにみなしていた。妊娠・出産はヒト以外の動物も行う。ゆえに、ヒトもそれらと同じように、地球上の自然の一つとみなすことができる。

そればかりか、今とは異なり、江戸時代の医療技術のレベルは格段に低かった。出産すること自体が死を覚悟することであり、母子ともに健全であるとはかぎらなかった（沢山美果子『性からよむ江戸時代』）。いのちはもろい。これがヒトと、それ以外の生き物に通底していることも、ヒトが自然の一つであることを裏づけている。

さらにいえば、地球上で歴史をあゆむのは、わたしたちヒトだけではない。そこでヒトの発展だけに焦点をあわせるのではなく、山、川、海、草木、動植物といった自然それぞれも歴史の主人公にしながら、それらの視点から人類のあゆみを検証していく。その試みが、「地球上の自然の一つとしての人類史」なのである。

■人類史を検証していく試み

「地球上の自然の一つとしての人類史」について、おもだった方法を示してみよう。これは、次の三点にまとめられる。

①　地球上の自然それぞれに歴史があり、ヒトも自然の一つとして見る。

② ある時間・空間を定めて、そこにいるヒトとそれ以外の自然とが、どのように働きかけ、働きかけられていたのかをとらえる。

③ ②をふまえ、ヒト以外の自然の視点から、どのような「生き物としてのヒト」が見えるのかを評価する。

なお、①については、「地球上」を、「自然界」と言い換えることもできる。でも、前者の方がよい。「限られた空間」という意味あいが、より強くなるからだ。②の空間については、田んぼ、地域、国のように、適宜その範囲を定める。ただし、その最大の空間は地球上なので、ヒトもふくめた、自然それぞれの活動の広がりは、おのずと頭打ちになる。

むろん、ヒトとそれ以外の自然との力関係を測る必要もあろう。具体的には、ヒトがイワシ（鰯）を獲りすぎれば、イワシは破滅の憂き目にあう。さらに、ある時点では、ヒトと直接に結びついていない自然についても、できるだけ目配りをしておくべきだ。ウイルスが、その典型例といえよう。

ヒトは地球上で生きている。むしろ、本当は生かされているのではなかろうか。そのような心がけを忘れずに、③について真摯に取り組んでいく。そうすれば、この先もヒトが一本の線のまま、はるか彼方まで伸ばせられるヒントが見つかるのかもしれない。

すなわち、自然の視点から、たえず人類のあゆみを検証していく。まさにこれこそが、過去を振り返る歴史学にとって、ヒト、それ以外の自然、さらには地球の未来を見すえて貢献できることではなかろうか。

さて、本書を締めくくるにあたり、自戒の念をこめて、ある短歌を紹介したい。淵沢円右衛門《ふちざわえんえもん》は、陸奥国八戸《はちのへ》藩で酒造などの商業も営む富農である。江戸後期の天保四年（一八三三）に、彼は『遺言《ゆいごん》』を書きあらわした。子の行く末を案じたためとみられる。

円右衛門が求めるのは、あくなき利益の追求ではない。はたまた、満ちたりた生活を投げ捨てて、清貧さに逆戻りすることでもない。その姿勢がよくわかる一首を最後に示す。これは『遺言』の結びにつづられており、「処らば」とは「住むことができれば」の意味をあらわす。

江戸時代と比べると、今では、とめどころなくモノを消費できる豊かな社会が実現できている。人類の「進化」「発展」の賜物といえよう。でも、円右衛門の希いは、わたしたちが、暮らしのあり方を問い直したくなるような何かを突きつける。しかもそれは、未来を見すえて、次の世代に負の遺産を押しつけないためのヒントではないか、と。

世の中は願い望みの限りなし　着て喰うて処らば極楽とせよ

（『日本農書全集　第二巻』）

参考文献

〈書籍・論文〉

嵐嘉一『日本赤米考』（雄山閣出版、一九七四年）
有元正雄『近世被差別民史の東と西』（清文堂出版、二〇〇九年）
井田徹治『ウナギ』（岩波書店、二〇〇七年）
市川健夫『日本の馬と牛』（東京書籍、一九八一年）
猪熊壽『イヌの動物学』（東京大学出版会、二〇〇一年）
今村郁子『近世初期加賀藩の新田開発と石高の研究』（桂書房、二〇一四年）
エマニュエル・ル＝ロワ＝ラデュリ（稲垣文雄訳）『気候と人間の歴史・入門』（藤原書店、二〇〇九年）
大口勇次郎『幕末農村構造の展開』（名著刊行会、二〇〇四年）
大熊孝『増補　洪水と治水の河川史』（平凡社、二〇〇七年）
太田猛彦『森林飽和』（NHK出版、二〇一二年）
岡光夫・飯沼二郎・堀尾尚志責任編集『叢書近代日本の技術と社会一　稲作の技術と理論』（平凡社、一九九〇年）
岡光夫『日本農業技術史』（ミネルヴァ書房、一九八八年）

沖縄県地域史協議会編『沖縄の印部石』（沖縄県地域史協議会、二〇〇九年）
尾和尚人ほか六名編『肥料の事典』（朝倉書店、二〇〇六年）
兼平賢治『馬と人の江戸時代』（吉川弘文館、二〇一五年）
鎌田久明『日本近代産業の成立』（ミネルヴァ書房、一九六三年）
菊池勇夫『近世の飢饉』（吉川弘文館、一九九七年）
菊池勇夫「ニシンの歴史」（拙編『イワシとニシンの江戸時代』吉川弘文館、二〇二二年）
岸浩「近世日本の牛疫流行史に関する研究（上）（下）」（『獣医畜産新報』六二五・六二六、一九七四年）
木村茂光編『日本農業史』（吉川弘文館、二〇一〇年）
小山重郎『害虫はなぜ生まれたのか』（東海大学出版会、二〇〇〇年）
佐伯安一『近世砺波平野の開発と散村の展開』（桂書房、二〇〇七年）
沢山美果子『性からよむ江戸時代』（岩波書店、二〇二〇年）
志村真幸『日本犬の誕生』（勉誠出版、二〇一七年）
新修小松市史編集委員会編『新修小松市史一〇　図説こまつの歴史』（石川県小松市、二〇一〇年）
拙稿「イワシの歴史」（前掲『イワシとニシンの江戸時代』）
拙稿「近世日本の鷹狩」（福田千鶴・武井弘一編『鷹狩の日本史』勉誠出版、二〇二一年）
拙稿「元禄期の凶作・飢饉と能登奥郡」（『地理歴史人類学論集』一〇、二〇二一年）
拙稿「煙草の生産・流通・消費」（渡辺尚志編『生産・流通・消費の近世史』勉誠出版、二〇一六年）
拙稿「天明期の凶作と砺波平野」（『人文学報』一二一、二〇二四年）
拙稿「文化期の気候と加賀藩農政」（鎌谷かおる・佐藤大介編『気候変動から読みなおす日本史六　近世の列

島を俯瞰する』臨川書店、二〇二〇年）
拙稿「宝暦期の凶作と能登奥郡」（木越隆三編『加賀藩研究を切り拓くⅡ』桂書房、二〇二二年）
拙稿「琉球の鷹狩儀礼と生態系」（前掲『鷹狩の日本史』）
拙著『茶と琉球人』（岩波書店、二〇一八年）
拙著『鉄砲を手放さなかった百姓たち』（朝日新聞出版、二〇一〇年）
瀬戸口明久『害虫の誕生』（筑摩書房、二〇〇九年）
高澤裕一『加賀藩の社会と政治』（吉川弘文館、二〇一六年）
高瀬保『加賀藩海運史の研究』（雄山閣、一九七九年）
高瀬保『加賀藩流通史の研究』（桂書房、一九九〇年）
田島佳也「解題」（『日本農書全集　第五八巻』農山漁村文化協会、一九九五年）
たばこと塩の博物館編『ことばにみる江戸のたばこ』（山愛書院、二〇〇八年）
塚本学『生類をめぐる政治』（平凡社、一九八三年）
土木学会編『明治以前日本土木史』（岩波書店、一九三六年）
中塚武「近世における気候変動の概観」（鎌谷かおる・渡辺浩一編『気候変動から読みなおす日本史五　気候変動から近世をみなおす』臨川書店、二〇二〇年）
那波邦彦『ウンカ』（農山漁村文化協会、一九九四年）
西節子「加賀藩の用水管理制度」（『日本海文化』二、一九七五年）
西村いつき「コウノトリを育む農業」（鷲谷いづみ編著『地域と環境が蘇る　水田再生』家の光協会、二〇〇六年）

農文協編『原色　作物病害虫百科　第二版　一　イネ』（農山漁村文化協会、二〇〇五年）
原田信男「近世における粉食」（木村茂光編『雑穀Ⅱ』青木書店、二〇〇六年）
藤井一至『土　地球最後のナゾ』（光文社、二〇一八年）
藤岡正博「サギが警告する田んぼの危機」（江崎保男・田中哲夫編『水辺環境の保全』朝倉書店、一九九八年）
藤尾慎一郎『〈新〉弥生時代』（吉川弘文館、二〇一一年）
藤本隆士『近世西海捕鯨業の史的展開』（九州大学出版会、二〇一七年）
本城正徳『近世幕府農政史の研究』（大阪大学出版会、二〇一二年）
水島茂『加賀藩・富山藩の社会経済史研究』（文献出版、一九八二年）
水本邦彦『草山の語る近世』（山川出版社、二〇〇三年）
水本邦彦「人と自然の近世」（同編『環境の日本史四　人々の営みと近世の自然』吉川弘文館、二〇一三年）
守山弘『水田を守るとはどういうことか』（農山漁村文化協会、一九九七年）
山内一也『史上最大の伝染病　牛疫』（岩波書店、二〇〇九年）
横山祐典『地球四六億年　気候大変動』（講談社、二〇一八年）

〈史料〉
石川県立図書館所蔵「民家検労図」
石川県立歴史博物館所蔵「九代目安兵衛意見書」（後藤家文書 No. 2–18–2–116–77）
石川県立歴史博物館所蔵「能登国採魚図絵」

小野武夫編『近世地方経済史料　第七巻』（吉川弘文館、一九五八年）
『改作所旧記　上・中編』（石川県図書館協会、一九三九年）
『鶴村日記　上・中・下編』（石川県図書館協会、一九七六・七八年）
金沢市史編さん委員会編『金沢市史　資料編九　近世七』（金沢市、二〇〇二年）
金沢市立玉川図書館近世史料館編『温故集録　二』（金沢市立玉川図書館近世史料館、二〇〇五年）
金沢市立玉川図書館近世史料館所蔵「元禄中救恤留」（加越能文庫 No. 16. 67-30）
金沢市立玉川図書館近世史料館所蔵「郡方産物帳」（加越能文庫 No. 16. 70-8）
金沢市立玉川図書館近世史料館所蔵「犀川浅野川々除御普請之様子幷私共勤方之帳」（加越能文庫 No. 16. 65-217）
金沢市立玉川図書館近世史料館所蔵「定検地所川除方詮儀之覚」（加越能文庫 No. 16. 65-43）
金沢市立玉川図書館近世史料館所蔵「晴雨寒熱十年日記」（郷土資料 No. K4-94）
金沢市立玉川図書館近世史料館所蔵「方軽人重晴雨軽寒暑重」（遠藤高璟文書 No. 34. 21-15-6）
金沢市立玉川図書館近世史料館所蔵「村松標左衛門上申書」（加越能文庫 No. 16. 40-100）
戸田茂睡『御当代記』（平凡社、一九九八年）
寺島良安編『和漢三才図会』（東京美術、一九七〇年）
富山県編『富山県史　史料編Ⅳ　近世中（加賀藩下）』（富山県、一九七八年）
西尾市岩瀬文庫所蔵「耕稼春秋」
『日本農書全集　第一巻』（農山漁村文化協会、一九七七年）
『日本農書全集　第二巻』（農山漁村文化協会、一九八〇年）

『日本農書全集　第三巻』（農山漁村文化協会、一九七九年）
『日本農書全集　第四巻』（農山漁村文化協会、一九八〇年）
『日本農書全集　第五巻』（農山漁村文化協会、一九七八年）
『日本農書全集　第六巻』（農山漁村文化協会、一九七九年）
『日本農書全集　第七巻』（農山漁村文化協会、一九七九年）
『日本農書全集　第一〇巻』（農山漁村文化協会、一九八〇年）
『日本農書全集　第一一巻』（農山漁村文化協会、一九七九年）
『日本農書全集　第一二巻』（農山漁村文化協会、一九七八年）
『日本農書全集　第一三巻』（農山漁村文化協会、一九七八年）
『日本農書全集　第一五巻』（農山漁村文化協会、一九七七年）
『日本農書全集　第二〇巻』（農山漁村文化協会、一九八二年）
『日本農書全集　第二四巻』（農山漁村文化協会、一九八一年）
『日本農書全集　第二五巻』（農山漁村文化協会、一九八〇年）
『日本農書全集　第二七巻』（農山漁村文化協会、一九八一年）
『日本農書全集　第二八巻』（農山漁村文化協会、一九八二年）
『日本農書全集　第二九巻』（農山漁村文化協会、一九八二年）
『日本農書全集　第三〇巻』（農山漁村文化協会、一九八二年）
『日本農書全集　第三四巻』（農山漁村文化協会、一九八三年）
『日本農書全集　第三五巻』（農山漁村文化協会、一九八一年）

『日本農書全集　第三七巻』（農山漁村文化協会、一九九八年）
『日本農書全集　第四五巻』（農山漁村文化協会、一九九三年）
『日本農書全集　第五八巻』（農山漁村文化協会、一九九五年）
『日本農書全集　第六二巻』（農山漁村文化協会、一九九八年）
『日本農書全集　第六六巻』（農山漁村文化協会、一九九四年）
『日本農書全集　第六七巻』（農山漁村文化協会、一九九八年）
『日本農書全集　第六八巻』（農山漁村文化協会、一九九六年）
『日本農書全集　第六九巻』（農山漁村文化協会、一九九六年）
函館市中央図書館所蔵「松前屛風」
藩法研究会編『藩法集四　金沢藩』（創文社、一九六三年）

〔謝辞〕
史料調査や図版の掲載にあたり、石川県立図書館・石川県立歴史博物館・浦添市教育委員会教育部文化財課・浦添市立図書館・金沢市立玉川図書館近世史料館・富山大学附属図書館・西尾市岩瀬文庫・函館市中央図書館のご高配を賜りました。ここに記して感謝の意を表します。

あとがき

歴史で過去を考えるのは、歴史像を通じて現在をとらえ、未来に想いを馳せるためである。

（津田秀夫『幕末社会の研究』柏書房、一九七七年）

今から九年前に、江戸中期に焦点をあてて、新田開発の光と影を描いた拙著『江戸日本の転換点』（NHK出版、二〇一五年）を出版した。ありがたいことに、歴史学にかぎらず、いろんな方面から反響があった。その際、恩師の竹内誠先生から、江戸後期の社会のことをもっと深く掘りさげてはどうか、とアドバイスをいただいた。これをクリアすることを課題としている本書は、『江戸日本の転換点』の続編といえるだろう。

そうはいっても、胸がつぶれる思いでいる。二〇二〇年九月に恩師が鬼籍に入ったからだ。もっと早く筆をとってさえいればと、自分自身の不甲斐なさを責めるばかりである。罪滅ぼしになるかは心もとないけれども、あるメッセージを胸に秘めながら書きつづった。恩師が教えをうけた、津田秀夫先生が著した冒頭の一文である。これから先も、未来に想いを馳せながら、歴史学の研究ができるように精進をしたい。

はたして、どのような未来を見すえているのかといえば、地球上の喫緊の難題のひとつ、気候変動である。本書の始まりで気候をとりあげたのは、これを念頭においていたからであった。そう遠くない将来に、気候変動のあおりをうけて、食糧問題が生じる可能性は十分に予想されよう。情けないことに、わたしはこの難問を解く力をもちあわせていない。ほんのわずかでも布石をうつことになればとの願いをこめて、今の研究テーマ「日本近世の気候変動と食糧危機」の完成にこぎつけられるよう、これからも半歩ずつ前へ進んでいく。

つぎに、本書を執筆するにいたった経緯を述べたい。拙編『イワシとニシンの江戸時代』(吉川弘文館、二〇二二年)の準備をしていた二〇二一年の秋に、ミネルヴァ書房編集部の天野葉子さんから、『ミネルヴァ通信「究」』に連載を書いてほしいとの依頼があった。ありがたい申し出だったにもかかわらず、途方にくれた。次の年度から激務が予想されていたので、毎月の締め切りに原稿が間にあうのかが懸念されたからである。かろうじて全二四回の連載を終えて、それがもとになって本書のカタチがととのった。このようなチャンスをあたえてくれた天野さんに、深甚の謝意をあらわしたい。

『日本農書全集』がこの世になければ、連載の筆をとることができなかった。同書の編者や執筆者のみなさん、刊行された農山漁村文化協会に頭があがらない。連載を送るたびにコメントをくださった、日本近世史研究者の水本邦彦先生にもお礼を申し上げる。いつのことだか、人類史を説明するにあたり、先生は紙に一本の線を引いた。このしあわせも、本書の根っこの部分にはある。むろん、ヒト以外の自然の線を引いたのは、わたしのアイデアであるという言い訳もしておく。

さて、新年度、つまり二〇二四年四月一日から金沢大学へ異動する。これまでと同じように、地域に根ざしながら歴史学と歴史教育の両立をめざす。歴史学では、本書の舞台である北陸地方をフィールドにした研究を続ける。一方、歴史教育では、専門性の高い教員を養成することになるだろう。どんなことが待っているのか、そのことを想像するだけで胸がたかなる。

だが、一抹の不安もある。元日に襲った能登地震である。幸か不幸か、わたしには、二〇二〇年七月に故郷で見舞われた球磨川水害の経験がある。水損をした歴史資料のレスキュー活動に取り組んだものの、無力感にうちひしがれた。小・中学校で水害に向きあうための出前授業を試みるにあたり、雨の音さえ怖がる子どもたちを察すると、心臓が震えた。ほんのちっぽけな取り組みにすぎない。それでも、これを携えながら、能登地震からの復興に少しでも役立てられるような糸口を探したい。

金沢へ旅立つことにより、一五年半におよぶ沖縄での暮らしに終止符をうつ。所属している琉球大学では、実りある日々をすごせた半面、口にだせないような理不尽なことにもあった。いつか心のうちが整理できたならば、その実情をうち明けることができるだろうか。とはいえ、逃げ去るのではない。歴史学と歴史教育の両面において、やりきった自負がある。その一端については、拙著『琉球沖縄史への新たな視座』(弦書房、二〇二二年)を参照されたい。正々堂々と、この島を後にしよう。

最後に、沖縄の日常について語っておく。琉球大学の千原キャンパスは、ガジュマルやデイゴなどが茂る森でもある。夏に日が昇ると、六階の研究室からは、遠くに東シナ海と空が見える。どこまでも青い。クーラーがなければ過ごせないものの、薄暗い朝であれば、研究室の窓が開けられる。ムワッとした湿気が肌にまとわりつく。けれども、風が吹き抜けるので心地よい。小鳥たちがさえずり、ごくまれにリュウキュウアカショウビンの鳴き声がこだまする。なぜか心に落ち着きをもたらす。この森の主は木や鳥で、ヒトはここに仮住まいをしているだけではないか、と錯覚してしまう。

ゆったりとした島での暮らしが、時には一変する。いわずもがな、台風である。横殴りの雨がバンバンと窓ガラスを打ちつける前に、あわてて研究室を飛び出す。それからは自宅に引き籠り、つつがなく過ごせるように祈るしかない。運が悪ければ、断水、停電に見舞われてしまう。水とエネルギーのありがたさが、ただただ身にしみる。台風一過、ジリジリとした太陽の光がさす。ありふれた時間にもどるだけなのに、心がはずむ。台風は、このような試練だけでなく、恩恵もあたえる。ダムの貯水率がいっきに高まるからだ。こうして水不足が解消されて、ホッと胸をなでおろす。

ヒトは自然の一つであり、地球上で生かされている。このような意識をたかめてくれた、琉球諸島の自然に感謝して、本書の筆をおく。

二〇二四年三月二五日　「美ら島」に別れを告げる日に

武井　弘一

索　引

（この索引は，本文中より抽出した主要な用語を，読みの五十音順に配列したものである。）

あ　行

『会津歌農書』　13
アサ（麻）　66, 116, 155
『安里村高良筑登之親雲上，田方幷芋野菜類養生方大概之心得』　132
油粕　43, 92, 132, 151
「生き物としてのヒト」　9, 210, 220
井口亦八　31
『一粒万倍　穂に穂』　88
イヌ（犬）　97, 153
イネ（稲）　7, 28, 31, 45, 49, 57, 80, 93, 112, 116, 124, 132, 148, 161, 170, 180, 195, 209
イノシシ（猪）　52, 153
いもち病　144, 165
イワシ（鰯）　43, 108, 137, 147, 214, 222
ウシ（牛）　40, 88, 134, 143, 218
ウナギ（鰻）　106, 173, 204
ウマ（馬）　40, 58, 79, 89, 104, 134, 142, 218
ウンカ（浮塵子）　161, 170, 212
遠藤高璟　16
大蔵永常　65, 174
大坪二市　79
大畑才蔵　177
押野村安兵衛　184

か　行

『開荒須知』　39, 106, 153
改作奉行　63, 71, 174, 198
カエル（蛙）　120, 155, 205
加賀藩　3, 24, 37, 49, 61, 67, 81, 90, 101, 108, 116, 125, 139, 148, 154, 162, 170, 178, 188, 197, 211
『家訓全書』　97
柏木秀蘭　196
金子鶴村　20, 139
鹿野小四郎　137
カモ（鴨）　116, 119
川　109, 120, 177, 186, 198, 206, 211, 221
川合忠蔵　88
カワウソ（獺）　156
ガン（雁）　116, 119
乾田　59, 72, 93, 121, 188
飢饉　14, 56, 174, 196, 217
気候変動　21, 141
北村穀実　171
キツネ（狐）　103, 180
牛疫ウイルス　95, 216
『九州表虫防方等聞合記』　167
凶作・大凶作　54, 56, 105, 144, 195
享保の飢饉　162, 170
魚肥　138, 150, 214
金肥　43, 82, 92
草　39, 67, 82, 132, 215

クジラ（鯨）　169, 213
鯨油　166, 170, 213
原子力エネルギー　219
コイ（鯉）　106, 131, 137, 204
『耕稼春秋』　3, 15, 26, 33, 40, 50, 58, 66, 81, 89, 101, 115, 154, 163, 172, 187
『耕作噺』　48
『郡方産物帳』　51, 61, 116
郡奉行　31, 128, 199
『蚕飼絹篩大成』　186
児島如水　169
『御当代記』　100
『米徳糠藁用方教訓童子道知辺』　124

さ 行

蔡温　74
サギ（鷺）　111, 119, 205
佐瀬与次右衛門　13
郷保与吉　209
『坐右日録（鶴村日記）』　20, 139
算用場奉行　16, 68, 198
シカ（鹿）　43, 153
『自家業事日記』　111
『地方の聞書（才蔵記）』　177
『私家農業談』　27, 34, 46, 59, 73, 90, 104, 108, 115, 141, 156, 178, 197
自給肥料　44, 93, 138, 214
地震　5, 197, 216
湿田　93, 113, 121, 163, 188
島津綱貴　206
蛇籠　111, 191, 211
定検地奉行　181, 192
尚純　206
尚巴志　74
小氷期　13
商品作物　65, 82, 148
生類憐み　98, 160
『除蝗録』　174
『除蝗録後編』　175
新型コロナウイルス感染症（新型コロナ）　4, 216
人災　202, 217
新田開発　7, 23, 33, 42, 50, 75, 122, 134, 157, 165, 178, 187
スズメ（雀）　117, 124, 159, 205
『晴雨寒熱十年日記』　17
関根矢之助　196
石油　213, 219

た 行

ダイズ（大豆）　82, 89
タカ（鷹）　125, 158, 205
タケ（竹）　34, 103, 116, 183, 192
タニシ（田螺）　120, 204
タバコ（煙草）　66
『煙草諸国名産』　69
寺島良安　138
淡水魚　106, 120, 128, 138
田んぼ　9, 23, 26, 31, 40, 49, 57, 71, 74, 89, 103, 106, 116, 127, 132, 138, 148, 156, 163, 170, 178, 187, 200, 204, 209, 217
「地球上の自然の一つとしての人類史」　221
沖積平野　23
注油駆除法　166, 170, 213
町人　9, 79, 131
土　22, 45, 60, 93, 101, 109, 119, 142, 178

土屋又三郎　3, 15, 26, 33, 40, 50, 58, 66, 81, 89, 101, 115, 154, 163, 172, 187
津波・大津波　5, 103, 197, 216
ツバメ（燕）　117
ツル（鶴）　125, 206
寺島蔵人　192
『田家すきはひ袋　耕作稼穡八景』　209
天災　168, 195, 217
『伝七勧農記（農事観察記）』　195
天保の飢饉　196
徳川綱吉　98, 160
徳川吉宗　127
土砂　23, 177, 200, 211
ドジョウ（泥鰌）　106, 120, 204
戸田茂睡　100
十村　171, 184

な　行

長崎七左衛門　56
中村喜時　48
ナタネ（菜種）　43, 65, 82, 148, 175
成田重兵衛　186
苗代　116, 125, 154
ニシン（鰊）　138, 145, 175, 214
『日本農書全集』　10
ニワトリ（鶏）　97, 116
『農稼業事』　169
『農家業状筆録』　30, 161
『農稼肥培論』　145
『農家用心集』　196
『農業全書』　22, 67, 173
『農業談拾遺雑録』　36, 90, 104, 158, 173
『農具揃』　80
『農事遺書』　137
農書　3, 15, 22, 30, 39, 44, 48, 56, 66, 74, 81, 89, 97, 106, 115, 132, 137, 145, 153, 165, 169, 178, 186, 204, 209
農民層分解（分化）　62, 84, 91, 143
『能登国採魚図絵』　171

は　行

ハクチョウ（白鳥）　125, 206
ハヤブサ（隼）　129, 205
ヒエ（稗）　57, 157
東日本大震災（3.11）　4, 216
ヒト（人）　5, 16, 22, 37, 42, 55, 64, 72, 74, 80, 89, 98, 111, 121, 124, 132, 137, 146, 154, 168, 170, 182, 187, 195, 206, 210, 216
百姓　3, 13, 23, 31, 40, 50, 57, 66, 75, 79, 88, 97, 107, 116, 125, 132, 137, 149, 154, 162, 170, 180, 186, 197, 204, 209, 217
肥料　29, 40, 58, 67, 82, 93, 119, 132, 138, 146, 158, 165, 173, 214, 217
武士　9, 15, 44, 71, 80, 126, 159
ブタ（豚）　134
淵沢円右衛門　223
フナ（鮒）　106, 131, 137, 204
干鰯　43, 92, 134, 138, 148

ま　行

前田斉広　16
前田吉徳　127
『松前屏風』　146
マメ（豆）　57, 132
マンサク（満作）　192, 211
三河屋弥平次　69

水　24, 30, 71, 75, 106, 117, 183, 187, 198, 204, 211
『民家検労図』　129
宮崎安貞　22, 173
宮永正運　26, 34, 46, 59, 73, 90, 104, 108, 115, 141, 156, 178, 197
宮永正好　35, 90, 104, 158, 173
ムギ（麦）　44, 53, 57, 65, 119
虫　47, 50, 60, 67, 117, 155, 161, 169, 212
虫送り　161, 213
『村方二日読』　128
『村松家訓』　103, 150
村松標左衛門　103, 150
『村松標左衛門上申書』　151
モウソウチク（孟宗竹）　194, 212

や　行

『遺言』　223
『油菜録』　66
吉田芝渓　39
依田惣蔵　97

ら　行

『理塵集』　63
琉球国（琉球）　74, 132, 204
『粒々辛苦録』　44
『老農置土産並びに添日記』　56

わ　行

『和漢三才図会』　138

《著者紹介》

武井弘一（たけい・こういち）

1971年　熊本県生まれ。

東京学芸大学大学院教育学研究科修士課程修了。

専門は日本近世史。博士（教育学）。

現　在　金沢大学人間社会研究域学校教育系教授。

主　著　『鉄砲を手放さなかった百姓たち』朝日新聞出版，2010年。

『江戸日本の転換点』NHK 出版，2015年（第４回河合隼雄学芸賞受賞）。

『茶と琉球人』岩波書店，2018年。

『琉球沖縄史への新たな視座』弦書房，2021年。

『グローカルな沖縄の歴史入門』琉球大学国際地域創造学部地域文化科学プログラム，2022年，ほか。

叢書・知を究める㉖

百姓と自然の江戸時代
――ヒトの歴史に補助線を引く――

2024年12月20日　初版第１刷発行　〈検印省略〉

定価はカバーに
表示しています

著　者　武　井　弘　一
発行者　杉　田　啓　三
印刷者　田　中　雅　博

発行所　株式会社　ミネルヴァ書房

607－8494　京都市山科区日ノ岡堤谷町１
電話代表（075）581－5191
振替口座 01020－0－8076

創栄図書印刷・新生製本

ISBN978-4-623-09804-0
Printed in Japan